AF310530

ARCHIMÈDE

DES THÉORÈMES MÉCANIQUES

OU

DE LA MÉTHODE

(EPHODIQUES)

TRAITÉ NOUVELLEMENT DÉCOUVERT ET PUBLIÉ PAR M. HEIBERG

Traduit en français pour la première fois, complété et annoté

PAR

THÉODORE REINACH

Introduction par PAUL PAINLEVÉ
de l'Académie des Sciences

EXTRAIT DE LA *REVUE GÉNÉRALE DES SCIENCES*
N^{os} des 30 Novembre et 15 Décembre 1907

PARIS

LIBRAIRIE ARMAND COLIN

5, RUE DE MÉZIÈRES, 5

1907

Revue générale
des Sciences
pures et appliquées

Directeur : **LOUIS OLIVIER**, Docteur ès Sciences

Avec l'an 1908, la Revue générale des Sciences entre dans sa dix-neuvième année. Devenue la plus importante de toutes les Revues scientifiques, elle a attiré à elle les savants du monde entier, et s'est imposée, en tous pays, à l'élite qui pense et qui travaille.

C'est à son **programme** même et à la façon dont elle lui est restée fidèle, qu'elle doit un tel succès. A une époque où il n'est plus possible de s'isoler étroitement dans une spécialité, elle rend un service de premier ordre au public instruit en le tenant constamment au courant du progrès en chaque science.

Suivant ce progrès depuis les hypothèses qui le suscitent et les expériences qui l'engendrent jusqu'à l'application qu'il comporte, décrivant les découvertes depuis le laboratoire, où elles naissent, jusqu'à l'usine, où elles aboutissent, la Revue générale des Sciences a vu venir à elle des hommes de toutes professions et de toutes nationalités.

Philosophes attentifs au mouvement général des idées;

(*Voir la suite page 3 de la couverture.*)

Hommage de l'auteur

ARCHIMÈDE

DES THÉORÈMES MÉCANIQUES

OU

DE LA MÉTHODE

(EPHODIQUES)

TRAITÉ NOUVELLEMENT DÉCOUVERT ET PUBLIÉ PAR M. HEIBERG

Traduit en français pour la première fois, complété et annoté

PAR

THÉODORE REINACH

Introduction par PAUL PAINLEVÉ
de l'Académie des Sciences.

PARIS

LIBRAIRIE ARMAND COLIN

5, RUE DE MÉZIÈRES, 5

1907

INTRODUCTION

Les nouveaux textes d'Archimède identifiés par
M. Heiberg présentent, au point de vue historique,
un intérêt considérable. S'ils ne transforment pas
notre conception de l'œuvre d'Archimède, ils la
complètent, ils la précisent; ils montrent qu'Archimède s'était avancé dans les voies de la science
moderne plus loin encore qu'on ne le supposait; ils
accroissent, s'il est possible, notre admiration pour
son merveilleux génie.

Le savant mathématicien danois, M. Zeuthen,
dont l'*Histoire des Mathématiques* a une réputation
universelle, vient de publier une traduction allemande de ces pages miraculeusement ressuscitées,
en les accompagnant d'un commentaire pénétrant
et minutieux. M. Théodore Reinach, dont l'éru-
dition et la curiosité ne connaissent pas de limites,
poursuivait, de son côté, une traduction française
du même texte grec, qu'il a réussi à faire aussi
précise que possible, en même temps que facile à
lire par l'emploi de la terminologie moderne. Dans
cette traduction, les lacunes des démonstrations
résultant des lacunes du manuscrit sont soigneu-

sement rétablies. Les savants ne peuvent que se réjouir du double effort de M. Zeuthen et de M. Reinach, qui leur ouvre tout grands les secrets du nouveau manuscrit. Je voudrais indiquer ici aussi brièvement que possible les conséquences qui me semblent résulter de sa lecture.

On sait qu'Archimède est regardé à juste titre comme le père de la méthode d'*exhaustion*, méthode dont on peut dire qu'elle est le calcul intégral à l'état naissant. Le principe de la méthode est le suivant : pour mesurer une grandeur nouvelle (une aire curviligne, par exemple), on montre qu'elle est comprise entre deux grandeurs analogues qu'on sait mesurer (deux aires rectilignes, par exemple), dont la différence peut être rendue aussi petite qu'on veut; la limite commune de ces deux grandeurs est la mesure cherchée. C'est par cette méthode qu'Archimède a calculé l'aire de la parabole, c'est-à-dire, d'une façon précise, l'aire comprise entre une parabole, son axe et deux perpendiculaires quelconques à cet axe; il obtint cette aire comme la limite d'une somme de surfaces rectangulaires de plus en plus nombreuses et de plus en plus minces. La sommation qu'il a dû accomplir serait représentée aujourd'hui par le symbole :

$$\int_a^b x^2\,dx.$$

Archimède a donc effectué — et avec une rigueur parfaite — la première *intégration*.

Il est vrai que le principe de la méthode d'exhaustion se trouvait déjà, au moins partiellement, dans Eudoxe, prédécesseur d'Euclide et d'Archimède, à qui est due la mesure du volume de la pyramide. On sait que le calcul élémentaire de ce volume repose sur le lemme qui exprime l'égalité des volumes de deux pyramides qui ont la même hauteur et des bases équivalentes. Or, pour démontrer ce lemme, Eudoxe comprend le volume d'une pyramide entre les volumes de deux sommes de prismes, volumes dont la différence tend vers zéro. Si Eudoxe avait déduit de là directement le volume de la pyramide en sommant les volumes de prismes de plus en plus nombreux et de plus en plus minces inscrits dans la pyramide, c'est lui qui eût fait la première intégration, et précisément la même intégration :

$$\int_a^b x^2\,dx$$

dont dépend l'aire de la parabole. Mais il s'est borné à employer sa méthode à la comparaison de deux volumes encore inconnus, sans en tirer la valeur commune de ces volumes.

C'est donc Archimède qui, le premier dans l'histoire de la science, a effectué une intégration. Sa méthode, il l'a exposée sous une forme irréprochable, non pas seulement à propos de l'aire de la parabole, mais dans son Traité sur les Paraboloïdes et les Ellipsoïdes : c'est dans ce dernier Traité qu'il lui a donné sa forme la plus générale, et il l'a appliquée à des intégrations qui seraient représentées aujourd'hui par les symboles :

$$\int_a^b x\,dx, \quad \int_a^b x^2\,dx.$$

Dans son Traité sur les Centres de gravité des

figures planes, il a même effectué l'intégration ;

$$\int_a^b x^3 dx,$$

mais à l'aide de procédés tout spéciaux. Le nouveau Traité n'apporte pas d'intégrations nouvelles, mais il expose des procédés entièrement différents et très intuitifs pour résoudre des problèmes variés et apercevoir des théorèmes où interviennent les trois intégrations précédentes. La méthode d'exhaustion est au fond de ces procédés, mais ce qui en fait la fécondité, ce qui permet (à l'aide de trois quadratures distinctes seulement) de traiter une multitude de questions, c'est une notion toute moderne et qui apparaît là pour la première fois dans l'œuvre d'Archimède : la notion de moment d'une force par rapport à une droite ou à un plan.

Cette notion qu'Archimède emploie constamment sans lui donner de nom, c'est l'équilibre du levier qui la lui a suggérée, et c'est sous sa forme mécanique qu'il l'introduit dans tous ses raisonnements. Traduite en langage moderne, sa méthode consiste à comparer deux volumes qu'on regarde comme des solides homogènes, et à montrer que les poids de leurs éléments ont même moment résultant par rapport à une certaine droite. Comme un des volumes a été choisi de façon que ce moment résultant fût connu pour lui, il est connu également pour l'autre : d'où une propriété géométrique de ce dernier volume.

Parmi les théorèmes qu'Archimède met ainsi en évidence, il en est auxquels il attache une importance particulière, et cela pour des raisons dont un Hermite eût admiré la finesse. Les propositions qu'il a publiées jusque-là sur les volumes *ronds* n'expriment jamais que l'égalité de deux tels volumes. Par exemple, le volume d'une *sphère* est égal au volume d'un *cylindre* ayant pour base un grand cercle de la sphère et pour hauteur les 3/4 du rayon ; mais on ne sait pas, avec la règle et le compas, construire un *cube* de même volume qu'une sphère de rayon donné, et il est démontré aujourd'hui que la chose est impossible. Or, dans sa lettre à Eratosthène, Archimède forme deux exemples de volumes *ronds* équivalents à un *cube* ou à un prisme, qui se construisent très aisément d'après les dimensions du volume rond. L'intérêt qu'Archimède attache à de telles propositions témoigne d'un sens vraiment prophétique des problèmes de l'Algèbre moderne.

Un fait bien remarquable, c'est qu'Archimède considère sa nouvelle méthode comme une méthode d'invention, mais non comme une démonstration[1]. Il serait intéressant de comprendre exactement pourquoi.

Comme dans toutes les applications du procédé d'exhaustion, Archimède décompose les volumes étudiés en tranches de plus en plus nombreuses et de plus en plus minces. Mais il ne prend pas la peine de donner au procédé sa forme irréprochable : en fait, il découpe le volume, à l'aide de plans parallèles *équidistants* et de plus en plus rapprochés ;

---

[1] Il admet seulement qu'elle peut contribuer à faciliter une démonstration rigoureuse, parce qu'il est plus facile de démontrer un théorème déjà énoncé que d'en faire à la fois la découverte et la démonstration.

mais il assimile immédiatement les tranches très minces ainsi obtenues à des aires planes ; il parle comme le ferait un partisan des *indivisibles*. Est-ce donc qu'il est encore incapable de traduire rigoureusement son procédé d'exhaustion ? Non pas, car les nouveaux textes sont sûrement postérieurs à sa *quadrature de la parabole*, où la méthode d'exhaustion est exposée d'une façon magistrale. S'il emploie un langage incorrect et abrégé, c'est d'abord pour rendre plus intuitif son procédé d'invention et ne pas l'embarrasser de détails de rigueur ; c'est ensuite qu'il juge cette rigueur inutile, parce qu'elle ne suffirait pas à rendre impeccable une méthode où des considérations mécaniques se mêlent à la Géométrie.

Ce souci de dégager ses démonstrations de toute considération mécanique apparaît déjà dans son Traité sur la quadrature de la parabole, où il ne se satisfait que d'une démonstration strictement mathématique. Serait-ce purisme de géomètre ? La chose est peu vraisemblable d'un esprit aussi philosophique. Serait-ce un sacrifice aux préjugés contemporains ? Dans ce cas, il déclarerait que sa méthode est rigoureuse, mais qu'il donnera d'autres démonstrations pour éviter toute controverse. L'explication qui me paraît la plus plausible est celle que suggère M. Zeuthen : les propriétés des centres de gravité sur lesquelles il s'appuie, Archimède n'en connaissait encore que des démonstrations imparfaites, et c'est plus tard seulement qu'il a publié celles qui figurent dans son Traité bien connu.

Quoi qu'il en soit, un fait incontestable, c'est qu'à

l'époque où il écrivait à Eratosthène, Archimède possédait dans toute sa perfection la méthode d'exhaustion. La négligence avec laquelle il l'expose ici ne
saurait donc être invoquée comme la preuve qu'il
était bien loin d'entrevoir les principes du vrai
calcul intégral; au contraire, elle fait ressortir la
sûreté avec laquelle il maniait déjà ces principes
comme instruments d'invention, en les associant à
des concepts géométro-mécaniques modernes, et
sans être obligé de se garder, par tout un appareil
de rigueur, contre les erreurs possibles. Les pages
qui suivent ne peuvent que fortifier le sentiment
de quiconque a lu les œuvres classiques d'Archimède : c'est un accident historique qui a interposé
18 siècles entre Archimède et Galilée.

Paul Painlevé
de l'Académie des Sciences,
Professeur à la Sorbonne et à l'École Polytechnique

NOTICE PRÉLIMINAIRE

Le Traité nouveau d'Archimède dont je publie
ci-après la traduction a été rendu à la lumière dans
des circonstances assez remarquables.

Un paléographe grec, Papadopoulos Kerameus,
auteur d'un volumineux et savant catalogue des
manuscrits du Patriarcat grec de Jérusalem, y
signalait, en 1899, sous le n° 355 (t. IV, p. 329), un
manuscrit sur parchemin, palimpseste, provenant
du monastère de Saint-Savas (Palestine). L'écriture
la plus récente, du XIII° siècle, est celle d'un recueil
de prières byzantin sans intérêt; l'écriture plus
ancienne, disposée transversalement, apparaissait
par endroits très distincte, ayant été non grattée
par le nouveau scribe, mais simplement épongée;
elle accuse une main du X° siècle. M. Papadopoulos Kerameus reconnut qu'il s'agissait d'un
ouvrage mathématique, accompagné de figures, et
il en reproduisit quelques phrases à titre d'échan-
tillon. Ces citations tombèrent sous les yeux d'un
professeur allemand, H. Schœne, qui, à son tour, les
fit voir à M. Heiberg, professeur à l'Université de
Copenhague, éditeur d'Archimède et d'Apollonius
et le savant d'Europe le plus compétent en ces

matières. M. Heiberg identifia aussitôt les extraits
cités par Papadopoulos avec autant de passages
connus d'Archimède. Sa curiosité éveillée, il de-
manda communication du palimpseste, qui, entre
temps, avait été transporté à Constantinople dans
un prieuré du Phanar (le *métochion* du cloître du
Saint-Sépulcre de Jérusalem) dépendant du Patriarcat œcuménique. Cette communication lui fut
refusée. Le savant danois ne se découragea pas.
Comme la montagne n'allait pas à Mahomet,
Mahomet alla à la montagne.

Pendant l'été de 1906, M. Heiberg fit le voyage de
Constantinople et put étudier à loisir le précieux
document. Il y reconnut avec joie les restes d'un
manuscrit d'Archimède, plus complet qu'aucun de
ceux qu'on possédait jusqu'à présent. Quoique fort
mutilé, ce manuscrit renferme encore, en effet :
1° des parties considérables de plusieurs Traités
déjà connus du grand géomètre (*De la sphère et
du cylindre*, *Des hélices*, *Mesure du cercle*, *Les
équilibres*) ; 2° la plus grande partie du texte grec
(inédit) du *Traité des Corps flottants*, dont on n'avait
qu'une traduction latine refaite sur l'arabe, datant
du Moyen-Age ; 3° les premiers chapitres d'un Traité
complètement inédit, le *Stomachion*, c'est-à-dire
« le Taquin ». sorte de jeu de patience géométrique ;
4° le texte, également inédit et aux trois quarts
complet, du *Traité de la méthode* (Ἐφόδιόν ou
Ἔφοδος), connu seulement par une Notice de Sui-
das [1] et trois brèves citations dans les *Métriques*

---

[1] Elle nous apprend que ce Traité avait été commenté
par un certain Théodose.

d'Héron, ouvrage qui, lui-même, n'a été publié qu'en 1903, précisément par H. Schœne.

M. Heiberg se propose d'utiliser complètement tous ces matériaux pour la nouvelle édition de son *Archimède*, qu'il a en préparation. En attendant, et pour satisfaire l'impatience des savants, il a publié dans l'*Hermes*, en partie d'après ses copies, en partie d'après des photographies, le texte grec de l'' Ἐφοδος ou *Traité de la méthode*. Tous ceux qui, comme moi, ont eu le privilège de jeter les yeux sur ces photographies, apprécieront le mérite peu commun de la publication du savant danois. Non seulement il a fallu déchiffrer à la loupe, lettre par lettre, un texte souvent peu lisible, reconstituer des figures à demi-effacées, mais M. Heiberg a dû, tout d'abord, rétablir l'ordre profondément troublé des feuillets, qui, lors de la seconde utilisation du parchemin, ont été pliés en deux — pour les ramener de l'in-folio au format in-4° — et disposés dans une succession arbitraire. Ajoutons que M. Heiberg, dans des notes concises, a rectifié un grand nombre de bourdes manifestes du copiste et indiqué sommairement dans quel ordre d'idées on pouvait combler les lacunes fréquentes et considérables du texte. Enfin, dans une Introduction érudite, il a fait ressortir le haut intérêt historique et scientifique du nouveau Traité et marqué sa place chronologique dans l'œuvre et dans la pensée d'Archimède [1].

---

[1] Le Traité de la méthode est sûrement postérieur à la *Quadrature de la parabole*. Je suis porté à croire qu'il est également postérieur aux traités *Des Conoïdes* et *Sphère et Cylindre*.

Il m'a semblé qu'une découverte de cette importance ne devait pas rester l'apanage exclusif des savants qui joignent la connaissance du grec à celle des Mathématiques. Après avoir, dans une communication à l'Académie des Inscriptions et Belles-Lettres, essayé à mon tour de dégager les enseignements qui découlent du nouveau Traité pour l'histoire de la Géométrie antique, j'en ai entrepris une traduction intégrale, que je place aujourd'hui sous les yeux du public français, grâce au libéral accueil du directeur de cette *Revue*. Cette traduction était presque terminée lorsqu'un géomètre danois bien connu, H. G. Zeuthen, — l'historien des sections coniques dans l'Antiquité, — a fait paraître, dans la *Bibliotheca Mathematica* de Teubner (27 juin 1007), une traduction allemande du même document, suivie d'un commentaire très intéressant. Quoique cette publicatiion soit plus accessible aux mathématiciens que l'édition grecque originale, je n'ai pas cru devoir pour cela renoncer à mon entreprise. D'abord parce que tous les savants français qui s'intéressent à l'histoire des Mathématiques ne savent pas l'allemand; ensuite parce que M. Zeuthen s'est contenté de traduire littéralement *ce qui subsiste* du texte original, tandis que je me suis efforcé d'en combler, au moins pour le sens, toutes les lacunes, grandes ou petites. J'ai profité, à cet effet, des publications mêmes de MM. Heiberg et Zeuthen, et des conseils de quelques amis mathématiciens, parmi lesquels je me plais à citer tout particulièrement M. Roger Prévost, capitaine d'artillerie.

Je laisse à de plus compétents le soin d'apprécier quel accroissement la découverte de M. Heiberg apporte à notre connaissance de l'histoire de la Géométrie antique et du génie d'Archimède. Je leur laisse aussi la tâche particulièrement délicate de caractériser la valeur de cette « méthode » dont Archimède est si fier, et qu'il n'a pas cru devoir garder pour lui. Il me suffira de faire remarquer, après MM. Zeuthen et Painlevé, que cette méthode consiste essentiellement : 1° à déterminer ce que nous appelons aujourd'hui le « moment » statique d'un corps (par rapport à un plan fixe ou une droite fixe) par la subdivision de ce corps au moyen d'un nombre infini de plans parallèles ; 2° à tirer ensuite de l'équation d'équilibre la connaissance du volume (ou de la surface) ou la détermination du centre de gravité[1]. Sans doute, ni le nom ni la notion même du « moment » ne se rencontrent sous la plume d'Archimède ; mais il est facile de voir que le corps dont il s'agit de déterminer le volume est toujours le quotient du moment du corps auxiliaire par une constante. Remarquons encore que des plans paral-

---

[1] Pour mieux préciser, Archimède coupe le volume considéré en tranches par des plans parallèles, et compare une section quelconque à la section faite par le même plan dans un autre corps déterminé, de volume connu. Il cherche ensuite à déterminer sur une droite deux segments contigus proportionnels à ces deux sections : alors, il considère cette relation comme l'équation d'équilibre, par rapport à un point, des deux volumes élémentaires (corps étudié et corps de comparaison) suspendus aux extrémités de la droite. Si le bras de levier correspondant au volume étudié est constant, cette équation d'équilibre donne le volume cherché. Si, au contraire, le volume étudié est connu, et que ce soit le bras de levier correspondant aux éléments du corps de comparaison qui soit constant, l'équation d'équilibre donne la détermination du centre de gravité du corps étudié.

lèles divisent un corps en un nombre infini de volumes élémentaires de hauteur infiniment petite. Ces volumes élémentaires, Archimède les assimile crûment à des plans (comme ailleurs il assimile des surfaces élémentaires à des droites), et, d'une relation d'équilibre entre deux sections planes homologues de figures de même hauteur, placées d'une façon convenable, il conclut à l'équilibre des volumes de ces figures elles-mêmes, considérées comme la somme de ces sections.

Archimède a conscience du peu de rigueur de ce procédé, et c'est pourquoi, dès qu'il a *découvert* une relation par cette méthode, il s'attache à la *démontrer* par une méthode d'exhaustion rigoureuse, où les volumes élémentaires sont traités comme tels et le corps considéré comme la limite commune d'une série de solides élémentaires inscrits et circonscrits, dont la différence peut être réduite autant qu'on veut. Mais en réalité, comme le dit M. Heiberg, « la méthode d'Archimède est identique avec le calcul intégral » ou, plus exactement, constitue une *méthode d'intégration*. Cette proposition a été contestée, parce qu'on s'est attaché à la forme du raisonnement plutôt qu'au fond ; mais nous croyons que, plus on approfondira la question, plus on se convaincra que cette assimilation est exacte et qu'Archimède a été, sans le savoir et sans que ceux-ci s'en doutassent, le véritable précurseur de Leibniz et de Newton. En ce qui concerne le concept du « moment mécanique », le rapport est encore moins douteux. En effet, la « méthode mécanique », considérations infinitésimales à part, est déjà employée dans la *Quadrature de la parabole*,

Traité connu et étudié dès la Renaissance : sur ce point, entre la théorie d'Archimède et la Mécanique moderne, il y a donc eu non pas rencontre fortuite, mais influence directe et filiation incontestable.

Théodore Reinach.

Nota. — La traduction ci-après serre le texte du plus près possible; toutefois, je me suis permis de remplacer en général le raisonnement en langage ordinaire sur les proportions par la notation algébrique actuelle, qui parle plus vite aux yeux et à l'esprit des lecteurs mathématiciens. Les figures (sauf 1, 5, 11, 12, 16 et les dernières depuis 18) sont celles de Heiberg, c'est-à-dire d'Archimède. Les crochets [ ] signalent les parties *perdues* que j'ai restituées par conjecture; les parenthèses ( ), les mots que j'ai ajoutés çà et là pour plus de clarté.

ARCHIMÈDE

DES THÉORÈMES MÉCANIQUES

ou

DE LA MÉTHODE

(EPHODIQUES)

(Préambule).

Archimède à Eratosthène[1], salut.

Je t'ai envoyé précédemment les énoncés de quelques-uns des théorèmes que j'avais découverts, et dont je t'invitais[2] à trouver les démonstrations, que je ne te donnais pas pour le moment. Voici quels étaient ces énoncés[3] :

1° *Si, dans un prisme droit à bases car-*

---

[1] Eratosthène de Cyrène (environ 275-195 av. J.-C.), célèbre polygraphe — grammairien, géographe, chronologiste, mathématicien, philosophe, poète didactique — prit le premier le titre de « philologue » et fut surnommé « Bêta » (deuxième lettre de l'alphabet grec), parce qu'il était le second dans toutes les branches spéciales de la connaissance. Il fut longtemps administrateur de la Bibliothèque d'Alexandrie.

[2] φάμενος εὑρίσκειν, expression singulière. J'adopte l'interprétation de Zeuthen.

[3] Les énoncés de ces deux théorèmes sont cités en abrégé par Héron, *Métriques* (éd. Schöne). p. 136.

rées[1], on inscrit un cylindre — ayant les bases inscrites dans celles du prisme et la surface latérale[2]
tangente à ses faces latérales — et qu'on mène un
plan par le centre d'une des bases et un côté du carré
opposé, ce plan détachera du cylindre un segment,
limité par le plan sécant, le plan de base et une
portion de la surface cylindrique, dont le volume
sera le sixième de celui du prisme entier;

2° Si l'on inscrit dans un cube un premier cylindre,
ayant les bases inscrites dans deux faces opposées
du cube et la surface latérale tangente aux quatre
autres faces; puis un second cylindre, ayant les
bases inscrites dans deux autres faces opposées et la
surface latérale tangente aux quatre restantes; le
volume formé par l'intersection des deux surfaces
cylindriques et commun aux deux cylindres vaudra
les deux tiers du cube entier.

On voit que ces théorèmes sont d'une toute autre
espèce que ceux que je t'avais précédemment com-
muniqués[3]. Dans ceux-là, en effet, je comparais, au
point de vue du volume, des figures d'ellipsoïdes ou

---

[1] Le texte dit « à bases rectangulaires » (παραλληλόγραμμος
a presque constamment le sens de rectangle chez Archimède); mais la suite prouve qu'il s'agit bien de carrés. Au
lieu de *prisme*, nous dirions *parallélipipède* (plus correcte-
ment : *parallélépipède*), mais ce terme, déjà employé par
Euclide, n'est pas usité par Archimède.

[2] Archimède dit : « les côtés » (πλευραί).

[3] C'est-à-dire les théorèmes sur les volumes des conoïdes
(paraboloïdes) et sphéroïdes (ellipsoïdes). Archimède avait
également communiqué ces théorèmes (ou du moins ceux
sur les paraboloïdes) à l'astronome alexandrin Conon;
après la mort de celui-ci, il en envoya les démonstrations
à Dosithéos, élève de Conon, dans le Traité (conservé)
Περὶ κωνοειδέων καὶ σφαιροειδέων.

de paraboloïdes[1] de révolution et des segments de figures de ce genre à des cônes et à des cylindres; mais jamais je ne trouvai qu'une figure pareille fût équivalente à un solide délimité par des plans[2]. Au contraire, dans le cas actuel, j'ai trouvé que chacun des deux volumes considérés — compris entre deux plans et des surfaces cylindriques — est équivalent à un solide compris entre des plans.

J'ai rédigé dans le présent livre et je t'envoie les démonstrations de ces deux théorèmes. Mais te voyant, comme j'ai coutume de le dire, savant zélé, philosophe distingué et grand admirateur des [recherches mathématiques[3]], j'ai cru devoir y consigner également et te communiquer les particularités d'une certaine méthode dont, une fois maître, tu pourras prendre thème pour découvrir, par le moyen de la Mécanique, certaines vérités mathématiques[4]. Je me persuade, d'ailleurs, que·

---

[1] Je substitue, pour plus de clarté, le mot *ellipsoïde* (de révolution) à celui de « sphéroïde » employé par Archimède, et de même *paraboloïde* (de révolution) à « conoïde ». Il faut dire toutefois que les termes d'Archimède sont plus expressifs que les nôtres : le corps formé par la rotation d'une ellipse *ressemble* à une sphère, et de là le nom *sphéroïde*; de même le corps engendré par la rotation d'une parabole *ressemble* à un cône.

[2] Ce que nous appelons un *polyèdre* (terme inconnu des anciens).

[3] Ici un mot illisible. M. Heiberg m'écrit que les restes des caractères ne permettent pas de suppléer le mot μαθήμασιν (les mathématiques). On remarquera le ton légèrement protecteur dont Archimède (né en 287) s'adresse à Eratosthène, son cadet d'une douzaine d'années.

[4] Voilà bien la définition de la méthode exposée ou plutôt *exemplifiée* dans le présent traité. La considération des infiniment petits et leur sommation ne sont qu'un des procédés de cette méthode.

cette méthode n'est pas moins utile pour la démonstration même des théorèmes. Souvent, en effet, j'ai découvert par la Mécanique des propositions que j'ai ensuite démontrées par la Géométrie — la méthode en question ne constituant pas une démonstration véritable. Car il est plus facile, une fois que par cette méthode on a acquis une certaine connaissance des questions, d'en imaginer ensuite la démonstration, que si l'on recherchait celle-ci sans aucune notion préalable. Par la même raison, les théorèmes dont Eudoxe[1] a le premier découvert la démonstration, — à savoir que le cône est le tiers du cylindre, la pyramide le tiers du prisme qui ont même base et même hauteur, — il faut en rapporter une bonne part de mérite à Démocrite[2], qui lo premier a énoncé, sans démonstration, les propositions relatives à ces figures.

En ce qui concerne aussi ces théorèmes[3], que je

---

[1] Eudoxe de Cnide, célèbre astronome et géomètre (408-355 av. J.-C.), élève d'Archytas et de Platon. Nous savions déjà par Archimède (I, 4 ; II, 296, Heiberg) qu'Eudoxe avait le premier scientifiquement établi les théorèmes en question, en se fondant sur le postulat (aussi employé par Euclide et Archimède, *Sphère et cylindre, init.*) que toute grandeur donnée peut être multipliée un nombre suffisant de fois pour dépasser une autre grandeur donnée.

[2] Démocrite d'Abdère (460-370 ?), le célèbre philosophe, qui se vantait de son habileté dans les constructions géométriques. Nous savions par un texte de Plutarque (*Contre les stoïciens*, 39) que Démocrite s'était occupé des sections d'un cône parallèles à sa base, mais nous ignorions absolument — et Archimède, dans son Traité *Sphère et cylindre*, probablement antérieur à notre livre, paraît avoir ignoré lui-même — qu'il eût énoncé les deux théorèmes d'Eudoxe.

[3] Le texte dit : « ce théorème », peut-être, comme me le

publie aujourd'hui, j'en ai fait la découverte d'abord
[par la méthode mécanique. Aussi crois-je] devoir
nécessairement t'exposer cette méthode, et cela pour
deux raisons : d'abord, puisque j'y ai fait allu-
sion ailleurs [1], je ne voudrais pas être accusé par
quelques-uns d'avoir parlé en l'air; ensuite, je suis
convaincu que cette publication ne servira pas
médiocrement notre science. Car, assurément, des
savants actuels ou futurs, par le moyen de cette
méthode que je vais exposer, seront mis à même
de découvrir d'autres théorèmes que je n'ai pas
encore rencontrés sur mon chemin.

Je t'exposerai donc, en premier lieu, la première
proposition que j'ai découverte par la Mécanique :
« Tout segment de parabole [2] vaut une fois et un
tiers le triangle ayant même base et même hauteur », ensuite toutes les autres propositions découvertes par la même méthode. A la fin du livre j'ins-
crirai les [démonstrations] géométriques... [3].

---

fait observer M. R. Prévost, parce que le second théorème
n'est, au fond, qu'un corollaire du premier.

[1] Notamment dans le traité *Quadrature de la parabole*,
dédié à Dosithée, où il est dit (II, 294, Heiberg) : « Je t'envoie
un théorème inédit de Géométrie, que j'ai découvert d'abord
par la Mécanique, ensuite démontré géométriquement. » La
démonstration qui suit est mi-partie mécanique (nos 6-16)
mi-partie géométrique.

[2] Archimède dit toujours, au lieu de « parabole » (terme
introduit un peu plus tard par Apollonius de Perge), « une
section de cône rectangulaire », c'est-à-dire la section pro-
duite, par un plan perpendiculaire à une génératrice, dans
un cône dont l'angle au sommet vaut un droit.

[3] La phrase étant incomplète, on ne sait pas si Archimède
s'engageait à donner à la fin du livre les démonstrations géométriques de *toutes* les propositions (telle est l'interprétation de Zeuthen) ou seulement des deux principales. Il

(LEMMES [1]).

I. Si l'on [retranche une grandeur *a* d'une autre grandeur A n'ayant pas le même centre de gravité, le centre de gravité de la grandeur restante *b* sera situé sur la droite qui joint les deux autres centres, prolongée dans le sens du centre de A; et l'on obtiendra la distance du centre de *b* au centre de A] en prenant une longueur qui soit par rapport à la distance des centres de A et de *a*, comme le poids de *a* est au poids de *b*[2].

---

semble probable qu'il faut y ajouter en tout cas celle du théorème 1er (voir la fin de ce théorème).

[1] Les propositions qui suivent, données sans autre explication, sont presque toutes des théorèmes de Mécanique élémentaire ; plusieurs sont démontrées dans le Traité d'Archimède qui nous est parvenu sous le titre « Equilibres des plans ou centres de gravité des plans, livre I » ('Επιπέδων ἰσορροπίαι ἢ κέντρα βαρῶν ἐπιπέδων, α'), dans l'édition de Heiberg, II, 142 suiv. Nous le citerons ainsi : « Centres de gravité, I ». Cet ouvrage (mais non le livre II du même Traité) est sûrement antérieur au présent Traité. Il est possible qu'il faille l'identifier avec l'ouvrage cité ailleurs (*Quadr. parab.* 6) sous le titre de Μηχανικά ou sous celui de Στοιχεῖα τῶν μηχανικῶν (ainsi cité dans le texte nouvellement découvert des *Corps flottants*).

[2] Ce théorème (*Centres de gravité*, I, 8 = II, 161 Heib.) est une conséquence nécessaire du principe fondamental (*ibid.*, I, 6-7) que, lorsque deux grandeurs se composent en une grandeur totale, les trois centres de gravité sont sur une même droite, que le centre de la grandeur composée divise en segments inversement proportionnels aux poids des composantes. Dès lors

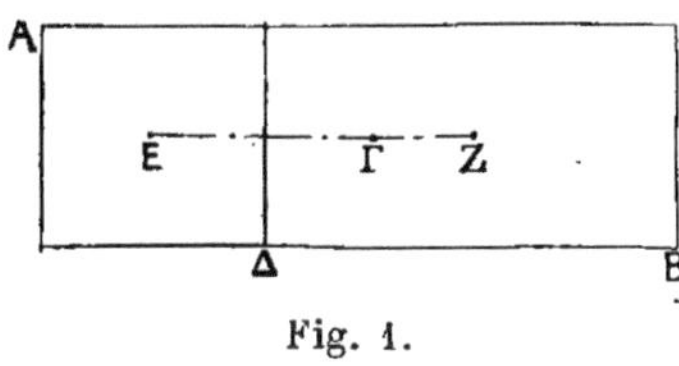

Fig. 1.

ment proportionnels aux poids des composantes. Dès lors

II. Si les centres de gravité d'un nombre quelconque de grandeurs sont situés sur une même droite, le centre de gravité du système total sera également situé sur cette droite[1].

III. Toute droite a pour centre de gravité le point qui la'divise en deux parties égales[2].

IV. Tout triangle a pour centre de gravité le point de rencontre de ses médianes[3].

V. Tout parallélogramme a pour centre de gravité le point de rencontre de ses diagonales[4].

VI. Le cercle a pour centre de gravité son centre de figure.

VII. Tout cylindre a pour centre de gravité le point milieu de son axe.

VIII. Tout cône a pour centre de gravité [un point situé sur la droite menée du sommet au centre de la base et qui la divise en deux segments dont celui qui part du sommet est] triple [de l'autre][5].

(fig. 1), si de la grandeur AB (centre Γ) on retranche la grandeur AΔ (centre E), le centre Z de la grandeur restante ΔB est placé de telle sorte qu'on ait :

$$\frac{Z\Gamma}{\Gamma E} = \frac{\text{poids A}\Delta}{\text{poids }\Delta\text{B}}.$$

[1] Cf. *Centres de gravité*, 1, 5 et corollaires (II, 149 et suiv. Heiberg).

[2] *Centres de gravité*, I, 4 (II, 146).

[3] Mot à mot : « le point où se rencontrent les droites menées des sommets du triangle au milieu des côtés opposés. » *Centres de gravité*, I, 14 (II, 183). La démonstration (I, 13) repose sur la décomposition du triangle en une somme de rectangles.

[4] *Centres de gravité*, 1, 10 (II, 164).

[5] Nous ne possédons pas de démonstration par Archimède de cette proposition. Il est probable qu'elle s'établissait : 1° en déterminant le centre de gravité d'une pyramide

[Les propositions] ci-dessus [ont été précédemment] démontrées; [on y joindra la suivante dont la démonstration est facile] :

IX. [Etant données deux séries de grandeurs $AA_1A_2A_3\ldots$, $BB_1B_2B_3\ldots$ en même nombre et telles que le rapport de deux grandeurs de même rang soit constant $\dfrac{A}{B}=\dfrac{A_1}{B_1}=\dfrac{A_2}{B_2}\cdots$], si tout ou partie des grandeurs A sont dans des rapports quelconques avec des grandeurs $CC_1C_2\ldots$ et si les grandeurs B de rang correspondant sont respectivement dans les mêmes rapports avec d'autres grandeurs $DD_1D_2\ldots$, la somme des grandeurs A sera à la somme des grandeurs C considérées, comme la somme des grandeurs B à celle des grandeurs D correspondantes[1].

$$\left[\frac{\Sigma A}{\Sigma C}=\frac{\Sigma B}{\Sigma D}\right].$$

---

triangulaire; 2° en passant de là à une pyramide polygonale; 3° en considérant le cône comme la limite vers laquelle tend une pyramide inscrite quand on augmente indéfiniment le nombre des côtés.

[1] Ce lemme est la proposition initiale du Traité dit *Des conoïdes et sphéroïdes* (I, 290, Heib.).

Puisque $\dfrac{C}{A}=\dfrac{D}{B}$, ou $\dfrac{C}{D}=\dfrac{A}{B}=m$, et de même $\dfrac{C_1}{D_1}=\dfrac{A_1}{B_1}=m$, etc., on a évidemment : $\dfrac{\Sigma C}{\Sigma D}=\dfrac{\Sigma A}{\Sigma B}$, d'où $\dfrac{\Sigma A}{\Sigma C}=\dfrac{\Sigma B}{\Sigma D}$.

Notre lemme peut être appliqué (et l'était sans doute dans le texte intégral des derniers théorèmes) pour passer de la constatation de l'équilibre des sections $AA_1A_2\ldots$ $CC_1C_2\ldots$, déterminées par des plans équidistants dans un volume V et dans un volume auxiliaire W, à l'équilibre de ces volumes eux-mêmes. Considérons, en effet, les sections A comme les bases de prismes élémentaires $BB_1B_2\ldots$ dont la somme enveloppe le volume V; et de même les sections C comme les bases de prismes élémentaires $DD_1D_2\ldots$ dont la somme

(Théorème Ier)[1].

Etant donné[2] *un segment de parabole* ABΓ (fig. 2), *si par le milieu* Δ *de la corde on mène*[3] *le diamètre* ΔE *qui coupe l'arc en* B *et qu'on joigne* BA, BΓ, *la surface du segment* ABΓ *vaut les* 4/3 *du triangle* ABΓ.

Menons AZ parallèle au diamètre, et la tangente

---

enveloppe le volume W. Si m est l'équidistance (c'est-à-dire la hauteur des prismes), on a évidemment :

$$\frac{B}{D} = \frac{mA}{mC} = \frac{A}{C}, \frac{B_1}{D_1} = \frac{A_1}{C_1}, \text{ etc.; donc : } \frac{\Sigma B}{\Sigma D} = \frac{\Sigma A}{\Sigma C}.$$

Reste à passer des corps enveloppants (ΣB, ΣD) aux volumes V, W eux-mêmes : c'est ce que fait Archimède en s'appuyant sur le postulat d'Eudoxe cité plus haut, p. 915, note 5. [Le contenu de la note qu'on vient de lire m'a été suggéré par M. R. Prévost.]

[1] L'énoncé de ce théorème est cité par Héron, *Métriques* (éd. Schœne), p. 80,17 et 84,11. Sa démonstration complète fait l'objet du Traité (antérieur au nôtre) intitulé *Quadrature de la parabole* (II, 294 suiv). Archimède y distingue (prop. 14 et 15) suivant que le diamètre est perpendiculaire ou non à la base du segment, mais la solution est la même dans les deux cas.

[2] M. à m. : « soit un segment ABΓ compris entre une droite AΓ et (une partie d') une section de cône orthogonal ABΓ... »

[3] Archimède dit : « une droite parallèle au diamètre », entendant par *diamètre* l'axe de la parabole. Ailleurs, il appelle diamètre d'un segment curviligne la droite qui divise en deux parties égales toutes les cordes parallèles à la base du segment (*Conoïdes*, 3; I, 302, Heib.). J'ai cru plus clair d'adopter ici cette terminologie, conforme à l'usage moderne. On sait, d'ailleurs, que tous les diamètres de la parabole sont parallèles à l'axe (Roucué et Combérousse : *Géométrie élémentaire*, n° 1051).

ΓZ à la courbe. Prolongeons ΓB jusqu'à sa rencontre K avec AZ, et, au delà, d'une longueur KΘ = KΓ. Imaginons que ΓΘ soit un levier[1] ayant pour point fixe son milieu K. Soit enfin MΞ une parallèle quelconque à ΔE.

Puisque ΓZ est une tangente à la parabole et ΓA

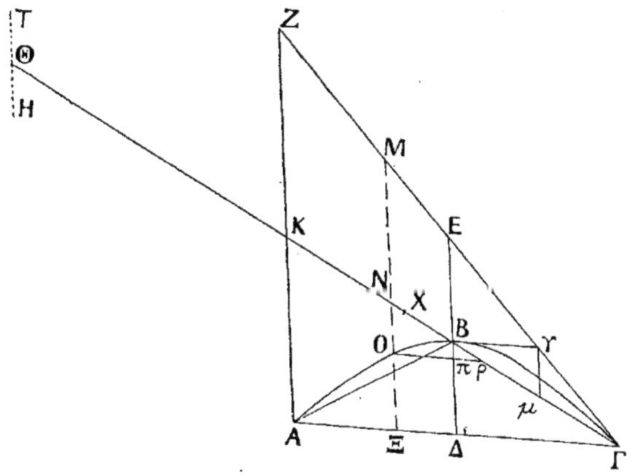

Fig. 2.

une corde conjuguée[2] (du diamètre BΔ), on a EB = BΔ, car ceci est démontré dans les *Éléments*[3].

---

[1] Archimède dit : un fléau (de balance).

[2] Le grec dit καὶ τεταγμέ·ως (sous-entendu κατηγμένη). Le sens de ce terme est bien marqué par des passages comme II, 230, Heib.

[3] C'est-à-dire dans les ouvrages élémentaires sur les sections coniques comme celui d'Aristée l'Ancien, cité par Pappus (CANTOR : *Vorlesungen über Geschichte der Mathematik*, 1, 232) et revu par Euclide. Cet ouvrage est perdu, mais notre théorème (énoncé *Quadr. parab.* 2) est démontré par Apollonius : *Coniques*, 1, 35 (p. 105, Heib.).

On a, dès lors, — à cause des parallèles ZA, MΞ, EΔ : — MN = NΞ, ZK = KA.

D'autre part, on a :

$$(1) \qquad \frac{\Gamma A}{A\Xi} = \frac{M\Xi}{\Xi O},$$

car ceci a été démontré dans un lemme[1].

---

[1] O partage MΞ comme Ξ partage AΓ. Cette proposition s'établit facilement en s'appuyant sur la propriété de la parabole rapportée à une tangente et au diamètre conjugué : $\frac{y^2}{x} =$ constante. Prenons Γ pour origine et pour axes des coordonnés la tangente ΓE et la parallèle au diamètre menée par Γ.

On a $\frac{AZ}{\Gamma Z^2} = \frac{OM}{\Gamma M^2}$ ou (1) $\frac{AZ}{OM} = \frac{\Gamma Z^2}{\Gamma M^2}$; or : (2) $\frac{AZ}{\Xi M} = \frac{\Gamma Z}{\Gamma M}$; divisons membre à membre (1) et (2) : il vient (3) $\frac{\Xi M}{OM} = \frac{\Gamma Z}{\Gamma M} = \frac{\Gamma A}{\Gamma \Xi}$, c'est-à-dire : O partage MΞ comme Ξ partageAΓ.

En particulier, Δ étant milieu de la corde AΓ, le sommet B du diamètre conjugué sera le milieu de ΔE (démonstration de la proposition EB = BΔ, plus simple que celle d'Apollonius). [Démonstration communiquée par R. Prévost.]

Archimède, dans la *Quadrature de la parabole* (§ 4 et 5), obtient cette relation $\left(\frac{A\Gamma}{A\Xi} = \frac{M\Xi}{O\Xi} \right)$ par un calcul un peu plus long. Il écrit le rapport du carré des ordonnées aux abscisses en les rapportant à la tangente en B et au diamètre conjugué. Soit Oπρ la parallèle à la base du segment :
$\frac{B\Delta}{B\pi} = \frac{A\Delta^2}{O\pi^2} = \frac{\Delta\Gamma^2}{\Xi\Delta^2}$; en remplaçant $\frac{B\Delta}{B\pi}$ par $\frac{B\Gamma}{B\rho}$, et $\frac{\Delta\Gamma}{\Xi\Delta}$ par $\frac{B\Gamma}{BN}$, il vient : $\frac{B\Gamma}{B\rho} = \frac{B\Gamma^2}{BN^2}$, ou : $\frac{B\Gamma}{BN} = \frac{BN}{B\rho} = \frac{B\Gamma + BN}{BN + B\rho} = \frac{\Gamma N}{N\rho}$.

Remplaçons de nouveau $\frac{B\Gamma}{BN}$ par $\frac{\Delta\Gamma}{\Delta\Xi}$ et $\frac{\Gamma N}{N\rho}$ par $\frac{N\Xi}{NO}$; il vient : $\frac{\Delta\Gamma}{\Xi\Delta} = \frac{N\Xi}{NO}$ ou : $\frac{2\Delta\Gamma}{\Delta\Gamma - \Xi\Delta} = \frac{2N\Xi}{N\Xi - NO}$, c'est-à-dire $\frac{A\Gamma}{A\Xi} = \frac{M\Xi}{O\Xi}$.

Comme $\dfrac{\Gamma A}{A\Xi} = \dfrac{\Gamma K}{KN}$, on peut donc écrire aussi :

$$\frac{\Gamma K}{KN} = \frac{M\Xi}{\Xi O},$$

et, puisqu'on a pris $K\Theta = \Gamma K$:

(2) $\dfrac{K\Theta}{KN} = \dfrac{M\Xi}{\Xi O}.$ [1]

Transportons ΞO en TH, avec Θ pour milieu c'est-à-dire pour centre de gravité [Lemme III]. De même $\overline{N}$ sera le centre de gravité de la droite $M\Xi$ restée en place. Comme K est le point fixe du levier, on voit que, à cause de l'égalité (2), les droites TH ($= \Xi O$) et $M\Xi$ se feront équilibre par rapport à ce point fixe, puisque les distances de leurs centres à ce point sont inversement proportionnelles à leurs longueurs (c'est-à-dire à leurs poids). K sera donc le centre de gravité de leurs poids composés.

Il en sera de même pour toutes les parallèles menées au diamètre à l'intérieur du triangle $Z A \Gamma$: la parallèle, restant en place, fera équilibre à sa portion comprise dans le segment, supposée trans-

---

[1] Jusqu'ici la marche de la démonstration concorde à peu près avec celle de la première démonstration (mécanique) donnée dans le Traité de la *Quadrature de la parabole*. A partir de ce point, elles divergent. Dans ce dernier Ttraité (§ 6-17), Archimède décompose le segment, par des parallèles équidistantes et un faisceau de droites tirées de Γ, en deux séries de trapèzes, l'une enveloppée, l'autre enveloppante, et il montre (en s'appuyant sur des lemmes mécaniques) : 1° que le triangle $Z A \Gamma$ est plus grand que trois fois une de ces séries et plus petit que trois fois l'autre ; 2° que la différence entre ces deux séries peut être plus petite que toute valeur donnée.

portée en Θ, et le centre de gravité du couple sera toujours le point K.

La somme des parallèles en question, c'est l'aire du triangle ΓAZ; la somme de leurs portions semblables à OΞ, interceptées par le segment, c'est le segment parabolique BAΓ. Donc au total le triangle ZAΓ, restant en place, fera équilibre au segment entier transporté en Θ, et le centre de gravité de leur système sera K.

Prenons sur ΓK le point X tel que ΓK = 3 KX : Ce point (étant au tiers de la médiane ΓK et par conséquent au point de rencontre des 3 médianes) sera le centre de gravité du triangle ΓAZ, comme cela a été démontré dans les *Equilibres*[1]. Comme le triangle fait équilibre par rapport à K au segment, transporté au centre Θ (les distances de leurs centres de gravité au point fixe sont inversement proportionnelles à leurs aires) :

$$\frac{\text{tr. AZΓ}}{\text{segm. ABΓ}} = \frac{\text{ΘK}}{\text{KX}} = 3.$$

D'autre part, le triangle ΓAZ est quadruple du triangle ABΓ à cause de ZK = KA, AΔ = ΔΓ; donc finalement :

$$\frac{\text{segm. ABΓ}}{\text{tr. ABΓ}} = \frac{4}{3}. \quad (2)$$

Ce qui précède ne constitue pas une démonstration (complète)[3], mais suffit à donner à la conclusion

---

[1] *Centres de gravité*, I, 14 et 15 (p. 186, 3); *suprà* lemme IV.

[2] Suivent les mots incompréhensibles : « Ceci sera clair... »

[3] Ce qui chiffonne le rigorisme d'Archimède, à mon avis,

une apparence de vérité. Voilà pourquoi, voyant
d'une part que le théorème n'était pas (complètement) démontré, supposant d'autre part la conclusion exacte, j'ai trouvé une démonstration géométrique que j'ai publiée précédemment[1] et que
j'ajouterai plus bas en appendice[2] (?)

(THÉORÈME II).

1° *Toute sphère est quadruple du cône qui a une
base égale à un grand cercle*[3] *et une hauteur
égale au rayon de la sphère;*

---

c'est : 1° l'intrusion de la Mécanique dans une question
purement géométrique; 2° le procédé abréviatif qui consiste
à considérer une aire curviligne comme une somme de
droites « pesantes » et à conclure de l'équilibre, deux à
deux, des portions de parallèles interceptées dans le
segment et le triangle ZAΓ, à l'équilibre des aires du
triangle et du segment. On voit que, sur ce point, je ne suis
pas entièrement d'accord avec M. Painlevé.

[1] Archimède paraît n'avoir en vue ici (et ceci confirme
l'opinion exprimée dans la note précédente) que la démonstration *purement* géométrique qui forme la deuxième partie
de la *Quadrature* (§ 18-24). Elle repose sur le théorème que
le diamètre mené du milieu de la base au sommet du segment vaut les 4/3 de la parallèle au diamètre menée du
quart de la base à l'arc. On démontre alors facilement que
le segment peut se décomposer en une série de triangles de
plus en plus petits, ayant tous leurs sommets sur l'arc, et
dont la somme a pour expression (1 étant le triangle initial,
qui a même base et même sommet que le segment) :

$$1 + \frac{1}{4} + \left(\frac{1}{4}\right)^2 + \left(\frac{1}{4}\right)^3 \ldots, \text{ série dont la somme est } \frac{4}{3}.$$

[2] Τάξομεν, leçon douteuse de Heiberg. Rien ne prouve que
la démonstration en question figurât réellement à la
queue de notre traité.

[3] Archimède dit : « Le plus grand cercle de la sphère ».

2° *Le cylindre ayant une base égale à un grand cercle et une hauteur égale à un diamètre de la sphère équivaut aux 3/2 du volume de celle-ci.*

Soit ABΓΔ (fig. 3) un grand cercle de la sphère, AΓ, BΔ deux diamètres perpendiculaires ; par BΔ on mène un grand cercle de plan perpendiculaire à

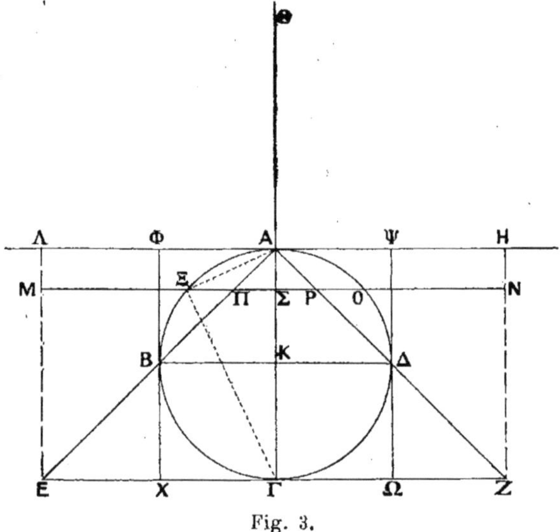

Fig. 3.

ABΓΔ et on prend ce cercle pour base d'un cône ayant son sommet en A.

Prolongeons maintenant la nappe du cône jusqu'à sa rencontre avec le plan mené par Γ parallèlement à sa base : l'intersection sera un cercle de diamètre EZ, perpendiculaire à AΓ. Sur ce cercle, avec l'axe AΓ, construisons le cylindre EΛHZ. Enfin prolongeons AΓ d'une longueur AΘ = AΓ et considérons $\Gamma\Theta$ comme un levier ayant pour milieu fixe A.

Menons une parallèle quelconque MN à BΔ, qui coupe le cercle AB$\Gamma\Delta$ en Ξ, O, le diamètre AΓ en Σ, les droites AE, AZ en Π, P. Si, par cette droite MN, on mène un plan perpendiculaire à AΓ, il coupera le grand cylindre suivant le cercle MN, la sphère suivant le cercle ΞO, le grand cône AEZ suivant le cercle ΠP. On a (par identité) :

$$\Gamma A \times A\Sigma = M\Sigma \times \Sigma\Pi,$$

puisque $\Gamma A = M\Sigma$ et $A\Sigma = \Sigma\Pi$. Mais (dans le triangle rectangle A$\Xi\Gamma$) on a :

$$\overline{A\Xi}^2 = \Gamma A \times A\Sigma.$$

Donc aussi :

$$M\Sigma \times \Sigma\Pi = \overline{A\Xi}^2 \left[= \overline{\Xi\Sigma}^2 + \overline{A\Sigma}^2 \right] = \overline{\Xi\Sigma}^2 + \overline{\Sigma\Pi}^2.$$

D'autre part, on a (toujours par identité) :

$$\frac{\Gamma A}{A\Sigma} = \frac{M\Sigma}{\Sigma\Pi}.$$

Remplaçant ΓA par son égal AΘ et multipliant les deux termes du second membre par MΣ, on a :

$$\frac{A\Theta}{A\Sigma} = \frac{\overline{M\Sigma}^2}{M\Sigma \times \Sigma\Pi},$$

ou, en substituant la valeur de $M\Sigma \times \Sigma\Pi$ trouvée ci-dessus :

$$\frac{A\Theta}{A\Sigma} = \frac{\overline{M\Sigma}^2}{\overline{\Xi\Sigma}^2 + \overline{\Sigma\Pi}^2} = \frac{\overline{MN}^2}{\overline{\Xi O}^2 + \overline{\Pi P}^2}.$$

(Les aires des cercles étant proportionnelles aux

carrés de leurs rayons ou diamètres, cette égalité
peut s'écrire :)

$$\frac{\text{cercle MN}}{\text{cercle } O\Xi + \text{cercle } \Pi P} = \frac{A\Theta}{A\Sigma}.$$

Donc, si l'on suspend au centre de gravité Θ les
deux cercles $O\Xi$, ΠP déterminés par le plan parallèle dans la sphère et le cône, ils feront équilibre,
par rapport au point fixe A, au cercle MN déterminé dans le grand cylindre et resté en place
(puisque les aires pesantes sont inversement proportionnelles aux distances des centres de gravité
au point fixe).

On démontrerait de même que, pour toute autre
parallèle à EZ menée à l'intérieur du rectangle ΛZ,
et par laquelle on mène un plan perpendiculaire
à AΓ, le cercle déterminé dans le cylindre équilibre, par rapport au point A, les cercles déterminés
dans le cône AEZ et dans la sphère, supposés
transportés au centre de gravité commun Θ.

La somme des cercles déterminés représente les
volumes respectifs du cylindre, du cône AEZ et de
la sphère qu'ils remplissent entièrement. Donc le
cylindre, resté en place, équilibre, par rapport à A,
les deux autres solides transportés au centre de
gravité commun Θ. Le cylindre a pour centre de
gravité K (milieu de l'axe et centre de la sphère);
la relation d'équilibre donne :

$$\frac{\text{cylindre } \Lambda Z}{\text{cône AEZ} + \text{sphère}} = \frac{A\Theta}{A K} = 2.$$

En d'autres termes :

$$\text{cylindre } \Lambda Z = 2 \, (\text{cône AEZ} + \text{sphère}).$$

Mais le cylindre ΛZ vaut trois fois le cône AEZ, donc :

$$3 \text{ cônes } AEZ = 2 \text{ cônes } AEZ + 2 \text{ sphères.}$$

ou :

$$\text{cône } AEZ = 2 \text{ sphères } K.$$

Comme le cône AEZ a rayon et hauteur doubles de ceux du cône ABΔ, il vaut 8 fois ce dernier cône; on peut donc écrire :

$$8 \text{ cônes } ABΔ = 2 \text{ sphères } K,$$

c'est-à-dire :

$$\text{sphère } K = 4 \text{ cônes } ABΔ.$$

Menons maintenant dans le rectangle ΛZ les parallèles ΦDX, ΨΔΩ à ΑΓ et considérons les cylindres ΦΨΩX, ΦΨΔB. Le cylindre ΦΩ vaut 2 fois le cylindre ΦΔ, et ce dernier cylindre vaut 3 fois le cône ABΔ, comme on l'a vu dans les *Eléments*[1]. Donc :

$$\text{cylindre } ΦΩ = 6 \text{ cônes } ABΔ.$$

Rapprochant cette égalité de la précédente, il vient :

$$\frac{\text{cylindre } ΦΩ}{\text{sphère } K} = \frac{6 \text{ cônes } ABΔ}{4 \text{ cônes } ABΔ} = \frac{3}{2}. \text{ C. q. f. d.}$$

Remarque. [De] ce théorème, par lequel on a établi que toute sphère vaut 4 fois le cône qui a pour base un grand cercle et pour hauteur un rayon de la sphère, [m'est venue] l'idée que la surface d'une sphère vaut quatre grands cercles. C'est en

---

[1] EUCLIDE, XII, 10.

effet une hypothèse vraisemblable que, de même
que tout cercle équivaut à un triangle ayant pour
base la circonférence et pour hauteur le rayon,
ainsi toute sphère équivaut (en volume) à un cône
ayant pour base la surface de la sphère et pour
hauteur le rayon [1].

(Théorème III) [2].

*1° Le cylindre ayant une base égale au plus grand
cercle d'un ellipsoïde de révolution [3] et une hauteur
égale à l'axe de ce solide vaut les 3/2 de l'ellipsoïde.*

---

[1] Soit S la surface, V le volume de la sphère, R le
rayon, C un grand cercle, notre théorème peut s'écrire :

$$(1) \qquad V = 4 \times C \cdot \frac{R}{3}.$$

D'après l'hypothèse, $V = S \times \frac{R}{3}$. Substituant dans (1), il
vient :

$$S \times \frac{R}{3} = 4 \times C \cdot \frac{R}{3},$$

c'est-à-dire $S = 4\,C$.

Il faut ajouter que le texte est incertain et qu'on pourrait traduire inversement : « *L'idée de ce théorème... est
née de ce que* la surface d'une sphère vaut 4 grands
cercles ». En effet, dans le Traité *De la sphère et du cylindre I*,
Archimède commence par établir longuement que l'aire de
la sphère vaut 4 grands cercles (§ 33 = I, p. 137, Heib.), et
de là il déduit (§ 34) le théorème que le volume de la sphère
vaut 4 fois le cône ABΔ. Pourtant Heiberg croit et je crois
avec lui que la pensée d'Archimède a bien suivi l'ordre indiqué au texte.

[2] Cf. *De conoid.*, prop. 29-30.

[3] Archimède dit : « un sphéroïde ».

2° Quand on coupe un ellipsoïde par un plan passant par son centre et perpendiculaire à son axe, le demi-ellipsoïde ainsi déterminé est double du cône ayant même base et même axe.

Soit l'ellipsoïde K (fig. 4) coupé par un plan

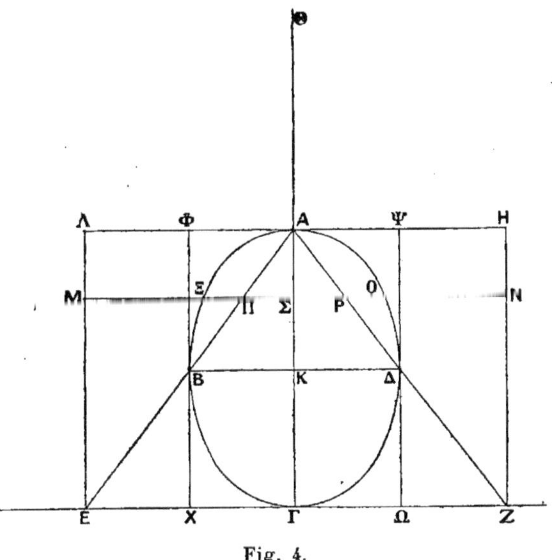

Fig. 4.

passant son axe suivant l'ellipse[1] ABΓΔ, les diamètres AΓ, BΔ, le centre K ; soit encore le grand cercle de diamètre BΔ perpendiculaire à AΓ.

Considérons le cône ayant pour base le cercle BΔ, pour sommet A, et prolongeons la surface latérale jusqu'à son intersection, suivant le cercle EZ, avec

---

[1] Archimède dit : « une section de cône acutangle ».

le plan mené par Γ parallèlement à la base ; construisons aussi le cylindre ayant pour base le
cercle EZ, pour axe AΓ ; enfin prolongeons AΓ d'une
longueur égale AΘ, et considérons ΘΓ comme un
levier ayant A pour milieu fixe.

Dans le rectangle AZ, menons à EZ une parallèle
quelconque MN, et par MN un plan perpendiculaire
à l'axe AΓ. Ce plan coupera le cylindre suivant un
cercle de diamètre MN, l'ellipsoïde suivant un cercle
de diamètre ΞO ; le cône suivant un cercle de diamètre ΠP.

On a :

$$(1) \qquad \frac{A\Gamma}{A\Sigma} = \frac{AE}{A\Pi} = \frac{M\Sigma}{\Sigma\Pi},$$

donc aussi :

$$(2) \qquad \frac{A\Theta}{A\Sigma} = \frac{M\Sigma}{\Sigma\Pi} = \frac{\overline{M\Sigma}^2}{M\Sigma \times \Sigma\Pi}.$$

Je dis maintenant que $M\Sigma \times \Sigma\Pi = \overline{\Sigma\Pi}^2 + \overline{\Sigma\Xi}^2$.
En effet, on a :

$$(3) \qquad \frac{A\Sigma \times \Sigma\Gamma}{\overline{\Sigma\Xi}^2} = \frac{AK \times K\Gamma}{\overline{KB}^2},$$

*car l'un et l'autre rapport égale celui du grand axe
au paramètre*[1].

Dès lors (puisque $AK = K\Gamma$) :

$$\frac{A\Sigma \times \Sigma\Gamma}{\overline{\Sigma\Xi}^2} = \frac{\overline{AK}^2}{\overline{KB}^2} = \frac{\overline{A\Sigma}^2}{\overline{\Sigma\Pi}^2};$$

---

[1] τῷ τῆς πλαγίας πρὸς τὴν ὀρθίαν. La πλαγία (d'une ellipse)
est le grand axe (ou *diamètre* par excellence). L'ὀρθία ou
paramètre est une longueur dont la mesure est déterminée
par Apollonius, *Coniques*, 1, 13. Etant donnée une ellipse

intervertissant :

$$\frac{\overline{A\Sigma}^2}{A\Sigma.\Sigma\Gamma} = \frac{\overline{\Sigma\Pi}^2}{\overline{\Sigma\Xi}^2}.$$

Mais (à cause de $\dfrac{A\Sigma}{\Sigma\Gamma} = \dfrac{\Sigma\Pi}{\Pi M}$) :

$$\frac{\overline{A\Sigma}^2}{A\Sigma.\Sigma\Gamma} = \frac{\overline{\Sigma\Pi}^2}{\Sigma\Pi.\Pi M}.$$

Donc :

$$\frac{\overline{\Sigma\Pi}^2}{\overline{\Sigma\Xi}^2} = \frac{\overline{\Sigma\Pi}^2}{\Sigma\Pi.\Pi M},$$

c'est-à-dire :

$$\overline{\Sigma\Xi}^2 = \Sigma\Pi.\Pi M.$$

---

dans un cône (fig. 5), il mène, par le sommet A, du cône une parallèle au grand axe EΔ de l'ellipse jusqu'à sa rencontre K avec un diamètre BΓ de la base du cône. Il prend ensuite la perpendiculaire EΘ à EΔ telle que :

$$\frac{E\Theta}{E\Delta} = \frac{BK.K\Gamma}{\overline{AK}^2}.$$

EΘ sera le paramètre (ὀρθία). Apollonius démontre (1, 21 ; p. 75, Heib.) que, pour un point Ξ quelconque de l'ellipse, on a :

$$\frac{\overline{\Xi\Sigma}^2}{A\Sigma \times \Sigma\Gamma} = \frac{\text{paramètre}}{\text{grand axe}}.$$

Heiberg croit que les mots soulignés au texte ont été interpolés ou du moins substitués à une phrase autrement rédigée, parce que les termes ὀρθία et πλαγία sont de la création d'Apollonius.

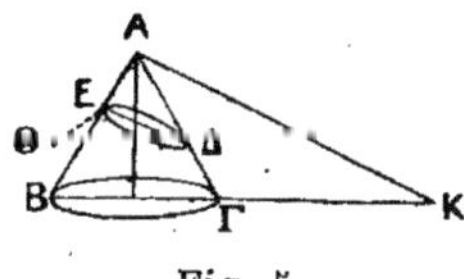

Fig. 5.

L'égalité (3) peut d'ailleurs être démontrée assez simplement en considérant l'ellipse comme la projection orthogonale d'un cercle (théorème de Stevin). Soient $2a$, $2b$

Ajoutant de part et d'autre $\overline{\Sigma\Pi}^2$, il vient :

$$\Sigma\Xi^2 + \overline{\Sigma\Pi}^2 = \overline{\Sigma\Pi}^2 + \Sigma\Pi\,.\,\Pi M = \Sigma\Pi\,(\Sigma\Pi + \Pi M) = \Sigma\Pi \times M\Sigma,$$

comme nous l'avions annoncé.

Remplaçons maintenant, dans l'égalité (2), $M\Sigma \times \Sigma\Pi$ par sa valeur; il vient :

$$\frac{A\Theta}{A\Sigma} = \frac{\overline{M\Sigma}^2}{\overline{\Sigma\Xi}^2 + \overline{\Sigma\Pi}^2} = \frac{\text{cercle } MN}{\text{cercle } O\Xi + \text{cercle } \Pi P}.$$

En d'autres termes, par rapport au point fixe A, le cercle MN, restant en place, équilibrera la somme des cercles $O\Xi$ et ΠP suspendus au centre de gravité commun Θ, car les distances des centres de gravité au point fixe sont inversement proportionnelles aux poids considérés.

Semblablement, pour toute parallèle à EZ menée à l'intérieur du rectangle AZ et par laquelle on mène un plan perpendiculaire à $A\Gamma$, le cercle intercepté dans le grand cylindre, restant en place, équilibrera par rapport à A les deux cercles interceptés dans l'ellipsoïde et dans le cône, transférés en Θ, comme centre de gravité commun.

Remplissons complètement ces trois corps de

---

les axes de l'ellipse, y, y' deux ordonnées quelconques correspondantes du cercle et de l'ellipse. On a évidemment dans le cercle : $y^2 = A\Sigma.\Sigma\Gamma$ et, comme $y' = y\,\dfrac{b}{a}$, il vient :

$y'^2 = (A\Sigma.\Sigma\Gamma)\,\dfrac{b^2}{a^2}$ d'où $\dfrac{A\Sigma.\Sigma\Gamma}{y'^2} = \dfrac{a^2}{b^2} = \text{constante}.$

On peut aussi déduire cette relation de l'équation de l'ellipse rapportée à ses axes $\dfrac{x^2}{a^2} + \dfrac{y^2}{b^2} = 1$, d'où $y^2 = (a^2 - x^2)\,\dfrac{b^2}{a^2}$.

Or, $\dfrac{A\Sigma.\Sigma\Gamma}{y^2} = \dfrac{(a + x)\,(a - x)}{y^2} = \dfrac{a^2 - x^2}{y^2} = \dfrac{a^2}{b^2} = \text{constante}.$

cercles semblables. Au total, le cylindre restant en place équilibrera l'ellipsoïde et le cône AEZ transportés en Θ. Le cylindre a pour centre de gravité K, on doit donc avoir :

$$\frac{\Theta A}{AK} = \frac{\text{cylindre } \Lambda Z}{\text{ellipsoïde} + \text{cône } AEZ}.$$

Mais $\Theta A = 2AK$, donc :

$$\text{cylindre } \Lambda Z = 2 \text{ fois (ellipsoïde} + \text{cône AEZ)},$$

Mais le cylindre ΛZ vaut trois fois le cône AEZ qui a même base et même hauteur ; donc :

$$3 \text{ cônes AEZ} = 2 \text{ ellipsoïdes} + 2 \text{ cônes AEZ}.$$

ou

$$\text{cône AEZ} = 2 \text{ ellipsoïdes}.$$

Le cône AEZ vaut huit fois le cône ABΔ dont le rayon de base et l'axe sont moitié des siens, donc enfin :

$$\text{ellipsoïde} = 4 \text{ cônes AB}\Delta$$

et

$$\tfrac{1}{2} \text{ ellipsoïde} = 2 \text{ cônes AB}\Delta.$$

Menons maintenant dans le rectangle ΛZ les parallèles XΦ, $\Omega\Psi$ à l'axe par les points B, Δ et considérons le cylindre $\Phi\Psi\Omega$X. Il est évidemment double du cylindre $\Phi\Psi\Delta$B, qui a base égale et axe moitié moindre ; ce dernier vaut trois fois le cône ABΔ, donc :

$$\text{cylindre } \Phi\Psi\Delta B = 6 \text{ cônes AB}\Delta,$$

et comme le cône vaut le quart de l'ellipsoïde :

$$\text{cylindre } \Phi\Psi\Delta B = \frac{6}{4} \text{ ou } \frac{3}{2} \text{ ellipsoïde. C. q. f. d.}$$

(THÉORÈME IV)[1].

*Tout segment d'un paraboloïde de révolution[2],
déterminé par un plan perpendiculaire à l'axe,
vaut les $^3/_2$ du cône ayant même base et même axe.*

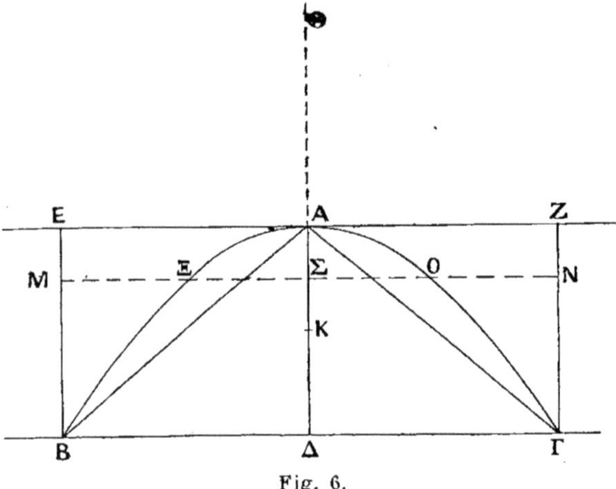

Fig. 6.

Soit un paraboloïde coupé par un plan passant
par son axe, qui détermine la parabole ΒΑΓ (fig. 6).
Coupons le paraboloïde par un second plan, perpendiculaire à l'axe. Soient ΒΓ l'intersection dès

----

[1] Ce théorème est démontré géométriquement dans le
Traité *Des conoïdes* etc., prop. 21 (1, 386, Heib.) par la méthode
dite d'exhaustion.

[2] Archimède dit : « d'un conoïde orthogonal ». La parabole elle-même est dite « section d'un cône orthogonal ».

deux plans, ΔA l'axe du segment, que nous prolongeons d'une longueur $A\Theta = \Delta A$, et considérons $\Delta\Theta$ comme un levier dont le milieu fixe est A.

La base du segment est le cercle $B\Gamma$, perpendiculaire à $A\Delta$. Imaginons un cône ayant pour base ce cercle et pour sommet le point A, et un cylindre ayant pour base ce même cercle et pour axe $A\Delta$. Dans le rectangle $EZ\Gamma B$, menons une parallèle quelconque MN à $B\Gamma$, et par MN un plan perpendiculaire à $A\Delta$, qui coupera le cylindre suivant le cercle MN, et le segment de paraboloïde suivant le cercle ΞO.

$BA\Gamma$ étant un arc de parabole, $A\Delta$ l'axe de la parabole, $\Xi\Sigma$, $B\Delta$ des ordonnées [1], on a [2] :

$$(1) \qquad \frac{\Delta A}{A\Sigma} = \frac{\overline{B\Delta}^2}{\overline{\Xi\Sigma}^2},$$

et comme $\Delta A = \Theta A$, $(B\Delta = M\Sigma)$, il vient :

$$(2) \qquad \frac{\Theta A}{A\Sigma} = \frac{\overline{M\Sigma}^2}{\overline{\Xi\Sigma}^2}.$$

Mais cette dernière expression représente aussi

---

[1] M. à m. « des droites tirées ordonnément », τεταγμένως κατηγμέναι. Ailleurs (II, 231, Heib.), Archimède explique ce terme ainsi : « cordes parallèles à la tangente au sommet de la courbe ».

[2] « Le carré de l'ordonnée est proportionnel à l'abscisse ». C'est l'équation fondamentale de la parabole, qui se démontre par les moyens élémentaires (cf. Roucné : *Géometrie*, n° 1025). Elle figurait dans les Eléments des sections coniques d'Aristée et d'Euclide, auxquels Archimède, dans la *Quadrature de la parabole*, prop. 3 (II, 300, Heib.), renvoie pour la démonstration.

le rapport du cercle MN au cercle ΞO. On a donc :

$$(3) \qquad \frac{\Theta A}{A\Sigma} = \frac{\text{cercle MN}}{\text{cercle } \Xi O}.$$

Par conséquent le cercle MN, déterminé dans le cylindre, équilibre par rapport au point A le cercle ΞO déterminé dans le paraboloïde, suspendu au centre de gravité Θ : car[1] le cercle MN a pour centre de gravité son centre Σ, le cercle ΞO transporté a pour centre de gravité Θ, et les distances des deux centres au point fixe A sont inversement proportionnelles aux cercles correspondants.

On démontrera de même, pour toute parallèle menée à BΓ dans le rectangle BΓZE, par laquelle on mène un plan perpendiculaire à AΔ, que le cercle déterminé dans le cylindre, restant en place, équilibrera le cercle déterminé dans le paraboloïde, transporté au point Θ du levier comme centre de gravité.

Remplissons de cercles pareils le cylindre et le segment de paraboloïde. Au total, le cylindre, restant en place, équilibrera, par rapport au point A, le segment de paraboloïde transporté en Θ comme centre de gravité. Dès lors, les distances de leurs centres de gravité au point A devront être inversement proportionnelles à leurs volumes, ou, puisque le cylindre a pour centre de gravité le milieu K de son axe :

$$(4) \qquad \frac{A\Theta}{AK} = \frac{\text{cylindre}}{\text{segm. parab.}}.$$

---

[1] Au lieu de καί ἐστι (Heiberg, p. 264, 25), [il faut lire ou corriger ἐστὶ γὰρ.

Mais AK est la moitié de AΘ; le cylindre vaut donc 2 fois le segment de paraboloïde. Et, comme le cylindre vaut 3 fois le cône ABΓ qui a même base et même axe, on voit finalement que le segment vaut les 3/2 du cône.

(Théorème V) [1].

Tout segment de paraboloïde de révolution, déter-miné par un plan perpendiculaire à l'axe, a son

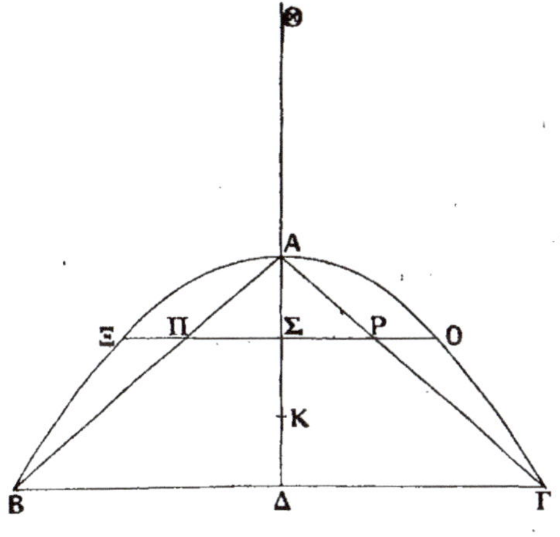

Fig. 7.

contre de gravité situé sur la droite qui forme l'axe

---

[1] Dans le texte grec, nouvellement découvert, du Traité des *Corps flottants* (passage correspondant à II, 377, Heib.), ce théorème est mentionné comme démontré ἐν ταῖς Ἰσορροπίαις.

du segment, en un point tel que sa distance au som-
met soit double de sa distance à la base.

Soit un segment de paraboloïde déterminé par
un plan perpendiculaire à l'axe (fig. 7). Coupons-le
par un autre plan passant par l'axe, qui détermine
la parabole BAΓ. Soit BΓ l'intersection des deux
plans, AΔ l'axe du segment et de la courbe.

Prolongeons AΔ d'une longueur égale AΘ, considérons ΔΘ comme un levier dont le milieu fixe
est A, et inscrivons dans le segment de paraboloïde
un cône ABΓ. Enfin menons à l'intérieur de la
parabole une parallèle quelconque ΞO à BΓ, qui
coupera la parabole en Ξ, O, et les arêtes du cône
en Π, P.

Dans la parabole, ΞΣ, BΔ sont des perpendiculaires à l'axe. On a donc :

$$(1) \qquad \frac{\Delta A}{A\Sigma} = \frac{\overline{B\Delta}^2}{\overline{\Xi\Sigma}^2}.$$

D'autre part (à cause des triangles semblables),
on a :

$$(2) \qquad \frac{\Delta A}{A\Sigma} = \frac{B\Delta}{\Pi\Sigma} = \frac{\overline{B\Delta}^2}{B\Delta.\Pi\Sigma},$$

Par conséquent, en combinant (1) et (2) :

$$\frac{\overline{B\Delta}^2}{\overline{\Xi\Sigma}^2} = \frac{\overline{B\Delta}^2}{B\Delta.\Pi\Sigma},$$

d'où résulte que :

$$\overline{\Xi\Sigma}^2 = B\Delta.\Pi\Sigma.$$

Comme il n'en est pas question dans le Traité qui nous est
parvenu sous ce titre, Heiberg croit qu'il s'agit du Traité
(perdu) περὶ ζυγῶν.

$\Xi\Sigma$ est donc moyen proportionnel entre $B\Delta$ et $\Pi\Sigma$, et l'on a (en divisant les deux membres par $\overline{\Pi\Sigma}^2$):

$$\frac{B\Delta}{\Pi\Sigma} = \frac{\overline{\Xi\Sigma}^2}{\overline{\Pi\Sigma}^2}.$$

Mais nous avons vu (2) que $\dfrac{B\Delta}{\Pi\Sigma} = \dfrac{\Delta A}{A\Sigma} = \dfrac{\Theta A}{A\Sigma}$, donc :

$$\frac{\Theta A}{A\Sigma} = \frac{\overline{\Xi\Sigma}^2}{\overline{\Sigma\Pi}^2}.$$

Menons par ΞO un plan perpendiculaire à $A\Delta$: il coupera le segment de paraboloïde suivant le cercle ΞO, le cône suivant le cercle ΠP.

Le rapport $\dfrac{\overline{\Xi\Sigma}^2}{\overline{\Sigma\Pi}^2}$ est aussi celui du cercle ΞO au cercle ΠP. On a donc :

$$\frac{\Theta A}{A\Sigma} = \frac{\text{cercle } \Xi O}{\text{cercle } \Pi P}.$$

Ainsi le cercle ΞO restant en place équilibrera, par rapport au point A, le cercle ΠP transporté au point Θ, car ils ont pour centres de gravité les points Σ et Θ, dont les distances au point fixe A sont inversement proportionnelles aux surfaces des cercles considérés.

On démontrera de même que, pour toute autre parallèle à $B\Gamma$ menée dans la parabole, et par laquelle on mène un plan perpendiculaire à $A\Delta$, le cercle déterminé dans le segment de paraboloïde, restant en place, équilibrera, par rapport au point A, le cercle déterminé dans le cône, transporté au centre de gravité Θ.

Remplissons de cercles pareils le segment et le

cône. Au total, la somme des cercles du segment, c'est-à-dire le segment, restant en place, équilibrera, par rapport au point A, la somme des cercles du cône, c'est-à-dire le cône, transporté au point Θ du levier comme centre de gravité. Le centre de gravité du système total est A, le centre de gravité du cône transporté est Θ ; dès lors (lemme I) le centre de gravité de la différence, c'est-à-dire du segment de paraboloïde, sera situé sur la droite AΘ prolongée dans la direction de A, en un point K tel que :

$$\frac{A\Theta}{AK} = \frac{\text{segment}}{\text{cône}}.$$

Mais on sait (Théorème IV) que le segment vaut les 3/2 du cône; donc aussi $A\Theta = \frac{3}{2}\,AK$, et par conséquent le centre de gravité du segment de paraboloïde est bien situé en un point de l'axe tel que sa distance au sommet soit double de sa distance à la base.

(Théorème VI).

Tout hémisphère a pour centre de gravité un point situé sur son axe et dont les distances au sommet et à la base sont dans le rapport de 5 à 3.

Soit une sphère et un plan passant par son centre qui la coupe suivant le cercle ABΓΔ (fig. 8). Traçons dans le cercle deux diamètres rectangulaires AΓ, BΔ. Par BΔ menons un plan perpendiculaire à AΓ, et considérons le cône ayant pour base le cercle de diamètre BΔ (dans un plan perpendiculaire à AΓ), pour sommet A, pour côtés AB, AΔ. Prolongeons

AΓ d'une longueur AΘ = AΓ et considérons ΘΓ comme un levier ayant pour milieu fixe A.

Dans le demi-cercle BAΔ, menons une parallèle

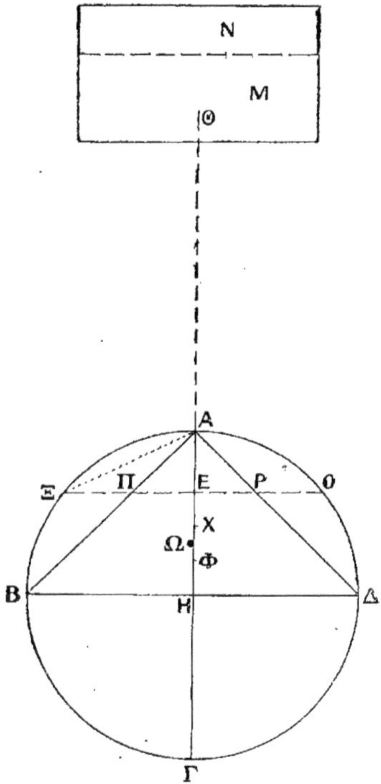

Fig. 8.

quelconque ΞO à BΔ. Elle coupera la circonférence du demi-cercle en Ξ, O, le cône en Π. P, l'axe AΓ en E. Par ΞO faisons passer un plan perpendiculaire à AΓ. Il coupera l'hémisphère suivant le cercle ΞO, le cône suivant le cercle ΠP. On a :

$$(1) \qquad \frac{A\Gamma}{AE} = \left(\frac{A\Gamma.AE}{\overline{AE}^2} = \right) \frac{\overline{A\Xi}^2}{\overline{AE}^2}.$$

Mais $\overline{A\Xi}^2 = \overline{AE}^2 + \overline{E\Xi}^2$, $\overline{AE}^2 = \overline{E\Pi}^2$. Substituant, il vient :

$$(2) \qquad \frac{A\Gamma}{AE} = \frac{\overline{E\Pi}^2 + \overline{E\Xi}^2}{\overline{E\Pi}^2} = \frac{\text{cercle } \Pi P + \text{cercle } \Xi O}{\text{cercle } \Pi P},$$

et, comme $A\Gamma = A\Theta$,

$$(3) \qquad \frac{A\Theta}{AE} = \frac{\text{cercle } \Xi O + \text{cercle } \Pi P}{\text{cercle } \Pi P}.$$

Les cercles ΞO et ΠP ont pour centre de gravité E. Si donc on suppose ces deux cercles en place, et le cercle ΠP seul transporté en Θ comme centre de gravité, les distances $A\Theta$, AE des centres au point fixe étant inversement proportionnelles aux surfaces représentées, il en résulte que les deux cercles feront équilibre, par rapport au point A, au cercle ΠP transporté en Θ.

[Le même raisonnement s'appliquant à toutes les autres positions de la parallèle, en additionnant tous les cercles pareils, on voit que le cône et l'hémisphère restant en place équilibreront, par rapport au point A, le cône seul transporté en Θ.

Considérons maintenant, suspendu en Θ, un cylindre MN équivalent au cône $AB\Delta$ et divisons-le par un plan horizontal en deux cylindres partiels dont l'un M équilibre le cône par rapport à A : alors l'autre cylindre partiel N équilibrera l'hémisphère. Soit maintenant sur AH le point Φ tel que

$A\Phi = 3\Phi H$: Φ sera le centre de gravité du cône (lemme VIII). Je prends sur AH le point X tel que $\dfrac{AX}{XH} = \dfrac{5}{3}$, ou, ce qui revient au même, $\dfrac{AH}{AX} = \dfrac{8}{3}$: je dis que X est le centre de gravité de l'hémisphère.

En effet, puisque le cylindre M (centre de gravité Θ) équilibre par rapport à A le cône ABΔ (centre de gravité Φ), on a :

$$\frac{\text{cyl. M}}{\text{cône AB}\Delta} = \frac{\Phi A}{\Theta A} = \frac{\frac{3}{4}AH}{2\,AH} = \frac{3}{8}.$$

Comme : vol. cône ABΔ = vol. cyl. MN, on a :

$$\frac{\text{cyl. M}}{\text{cyl. MN}} = \frac{3}{8}, \text{ d'où } \frac{\text{cyl. M}}{\text{cyl. MN} - \text{cyl. M}} = \frac{3}{5}, \frac{\text{cyl. MN}}{\text{cyl. N}} = \frac{8}{5},$$

ou encore :

$$(1) \qquad \frac{\text{cône AB}\Delta}{\text{cyl. N}} = \frac{8}{5}, \text{ c'est-à-dire} = \frac{AH}{AX}.$$

D'autre part, on a (Théorème II) :

$$(2) \qquad \frac{\text{hémisphère}}{\text{cône AB}\Delta} = \frac{2}{1} = \frac{A\Theta}{AH}.$$

Multipliant membre à membre (1) et (2), il vient :

$$\frac{\text{hémisphère}}{\text{cylindre N}} = \frac{A\Theta}{AX}.$$

Mais le cylindre N a pour centre de gravité Θ ; il équilibre d'ailleurs — on l'a vu plus haut — l'hémisphère par rapport au point A : donc nécessairement X est le centre de gravité de l'hémisphère[1].]

---

[1] J'ai suivi, pour suppléer cette démonstration, l'analogie

(THÉORÈME VII).

*Tout segment de sphère (à une base) est au cône
[de même base et de même hauteur comme le rayon
de la sphère plus la hauteur du segment supplémentaire sont à cette dernière hauteur seule*[1].

---

du théorème VIII et les indications de la figure ; mais on
pourrait arriver au même résultat par une méthode plus
rationnelle, sans supposer le problème résolu. Puisque
hémisph. + cône (en place) équilibrent par rapport à A le
cône (en Θ), le centre de gravité Ω du système « hémisph.
+ cône » doit satisfaire à l'égalité :

$$\frac{\text{hémisph.} + \text{cône}}{\text{cône}} = \frac{A\Theta}{A\Omega},$$

et, comme hémisph. = 2 cônes, il en résulte $A\Theta = 3\,A\Omega$: le
point Ω est donc au tiers du diamètre (ou aux 2/3 du rayon) à
partir de A. Le centre de gravité du cône (lemme VIII) est en Φ,
aux 3/4 de AH. Donc le centre de gravité de l'hémisphère
seul — différence du système et du cône — est (d'après
lemme I), sur ΦΩ prolongé dans le sens de Ω, en un point
X tel que :

$$\frac{X\Omega}{\Omega\Phi} = \frac{\text{cône}}{\text{hémisph.}} = \frac{1}{2},$$

en d'autres termes, à une distance de Ω moitié moindre (et
de sens contraire) que celle de Φ. Calculons AX. On a $\Omega\Phi$
$= A\Phi - A\Omega = \frac{3}{4}\,AH - \frac{2}{3}\,AH = \frac{1}{12}\,AH$; donc $X\Omega = \frac{1}{24}\,AH$ et

$AX = A\Omega - X\Omega = \frac{2}{3}\,AH - \frac{1}{24}\,AH = \frac{15}{24}\,AH = \frac{5}{8}\,AH$. C. q. f. d.

[1] Enoncé restitué d'après le Traité *Sphère et cylindre*, II, 2
(I, p. 194, Heib.), où Archimède donne une démonstration
(ou plutôt une vérification) géométrique assez simple.
Si l'on appelle R le rayon de la sphère, h la hauteur du
segment, h' celle du segment supplémentaire, l'énoncé

[Coupons [1] la sphère (fig. 9) par un plan passant par le centre qui détermine le grand cercle ΑΛΓΛ' et coupe le segment donné suivant l'arc ΔΛΑΛ'B. Traçons le diamètre ΑΓ passant par le sommet du segment et qui coupe la base ΔB en Π; menons le

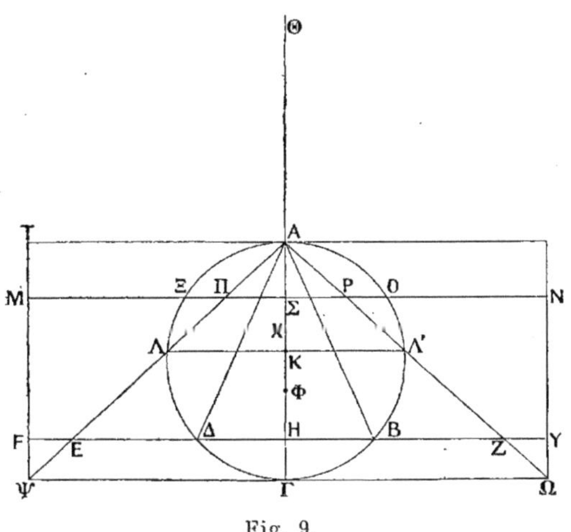

Fig. 9.

diamètre perpendiculaire ΛΛ'. Tirons ΑΛ, ΑΛ' et prolongeons-les jusqu'à leurs rencontres E, Z avec

---

d'Archimède donne pour valeur du segment sphérique

$$V = \frac{R + h'}{h'} \cdot \varpi \frac{h}{3} \cdot \Delta H^2.$$

Comme $\dfrac{\Delta H^2}{h'} = h$ et que $R + h' = 3R - h$, on voit que cette valeur revient à l'expression connue : $V = \varpi h^2 \left(R - \dfrac{h}{3} \right)$.

[1] Tout ce commencement est perdu. Je l'ai restitué d'après les indications de la figure et la marche ultérieure de la démonstration.

ΔB prolongée et Ψ, Ω avec la tangente en Γ. Imaginons enfin les cônes ayant pour sommet A, pour bases respectives les cercles de diamètre ΔB, EZ, ΨΩ, et le cylindre ayant pour base le cercle ΨΩ et pour axe AΓ, cylindre que le plan de base du segment coupe selon le cercle FY. Enfin prolongeons AΓ d'une longueur AΘ = AΓ, et soit ΓΘ un levier ayant pour milieu fixe A].

A l'intérieur du rectangle TY, je mène une parallèle quelconque MN à ΔB et fais passer par MN un plan perpendiculaire à AΓ. Il coupe le cylindre suivant le cercle de diamètre MN, le segment sphérique suivant le cercle ΞO, le cône AEZ suivant le cercle ΠP.

On démontrera, comme précédemment, que le cercle MN restant en place équilibrera par rapport au point A la somme des cercles ΞO, ΠP transportés en Θ comme centre de gravité[1]. (Il en sera de même pour toute autre position de la parallèle MN et de son plan sécant.)

Si donc l'on remplit entièrement le cylindre TY, le cône AEZ et le segment AΔB de cercles pareils, au total, TY restant en place équilibrera par rapport au point A la somme du cône AEZ et du segment AΔB transportés en Θ.

Prenons maintenant sur AΓ le point X tel que AX = XH, et le point Φ tel que AΦ = 3ΦH. Le point X, étant le milieu de l'axe AH, est le centre de gravité du cylindre TY ; de même (lemme VIII), Φ est le centre de gravité du cône AEZ.

---

[1] Cette démonstration a déjà été faite au théorème II, où la construction est identique.

La relation d'équilibre trouvée peut s'écrire :

$$(1) \qquad \frac{\text{cyl. TY}}{\text{cône AEZ} + \text{segm. A}\Delta\text{B}} = \frac{\Theta\text{A}}{\text{XA}}, \qquad (^1)$$

[c'est-à-dire :

$$\frac{\text{cyl. TY}}{\text{cône AEZ} + \text{seg. A}\Delta\text{B}} = \frac{2\,\text{R}}{\dfrac{h}{2}} = \frac{4\,\text{R}}{h}.$$

Mais

$$\frac{\text{cyl. TY}}{\text{cyl. EZ}} = \frac{4\,\text{R}^2}{h^2};$$

donc :

$$\frac{\text{cyl. TY}}{\text{cône AEZ}} = \frac{12\,\text{R}^2}{h^2}.$$

Or,

$$\frac{\text{cône AEZ}}{\text{cône A}\Delta\text{B}} = \frac{h^2}{h\,h'} = \frac{h}{h'};$$

donc :

$$\frac{\text{cyl. TY}}{\text{cône A}\Delta\text{B}} = \frac{12\,\text{R}^2}{h\,h'}.$$

Substituant dans (1) ces valeurs de cône AEZ et cylindre TY en fonction de cône AΔB, il vient :

$$\frac{\text{cône A}\Delta\text{B}\,\dfrac{12\,\text{R}^2}{h\,h'}}{\text{cône A}\Delta\text{B}\,\dfrac{h}{h'} + \text{segm.}} = \frac{4\,h}{\text{R}};$$

d'où :

$$\text{segm.}\,\frac{4\,\text{R}}{h} = \text{cône}\left(\frac{12\,\text{R}^2}{h\,h'} - \frac{4\,\text{R}}{h'}\right) = \text{cône}\,\frac{4\,\text{R}}{h'}\left(\frac{3\,\text{R}}{h} - 1\right)$$

donc

$$\frac{\text{segm.}}{\text{cône}} = \frac{h}{h'}\left(\frac{3\,\text{R}}{h} - 1\right) = \frac{\text{R} + h'}{h'}.]$$

---

 ¹ Pour la fin de la démonstration, j'ai suivi la restitution de Zeuthen, en introduisant les notations R, h, h'.

(Théorème VIII)[1].

[Tout segment sphérique plus grand qu'un hémi-
sphère (?) a son centre de gravité situé sur son
axe en un point tel que sa distance au sommet est à
sa distance à la base comme la hauteur du segment
plus quatre fois la hauteur du segment supplémen-
taire est à la hauteur plus deux fois la hauteur du
segment supplémentaire :

$$\frac{XA}{XH} = \frac{HA + 4\,H\Gamma}{HA + 2\,H\Gamma}\Big].$$

[Soit BAΔ (fig. 10) un segment sphérique, plus
grand que l'hémisphère. Je prends sur sa hauteur
AH le point X tel que $\dfrac{XA}{XH} = \dfrac{AH + 4\,H\Gamma}{AH + 2\,H\Gamma}$: je dis
que X est le centre de gravité du segment.]

Prolongeons AΓ de AΘ = AΓ, et, dans l'autre
sens, de ΓΞ égal au rayon de la sphère, et considérons ΓΘ comme un levier ayant pour milieu
fixe A. Dans le plan de base du segment, de H
comme centre, traçons un cercle avec un rayon
égal à AH. Imaginons le cône qui a ce cercle pour
base, A pour sommet, AE, AZ pour génératrices.
Enfin, menons une parallèle quelconque KΛ à EZ

---

[1] Enoncé et figure restitués d'après Heiberg. Il résulte de
l'énoncé de IX que, dans le théorème VIII, il ne s'agissait
que d'*une variété* particulière de segments. Cette précision
paraissait nécessaire à Archimède pour établir sa figure,
mais la démonstration est la même, quelle que soit la
dimension du segment. Il va sans dire que l'énoncé pourrait aussi être restitué ainsi : tout segment « *plus petit*
qu'un hémisphère ». Cf. *Sphère et Cylindre*, I, 42 et 43.

qui coupe la circonférence en K, Λ, les génératrices du cône en P, O, la hauteur en Π.

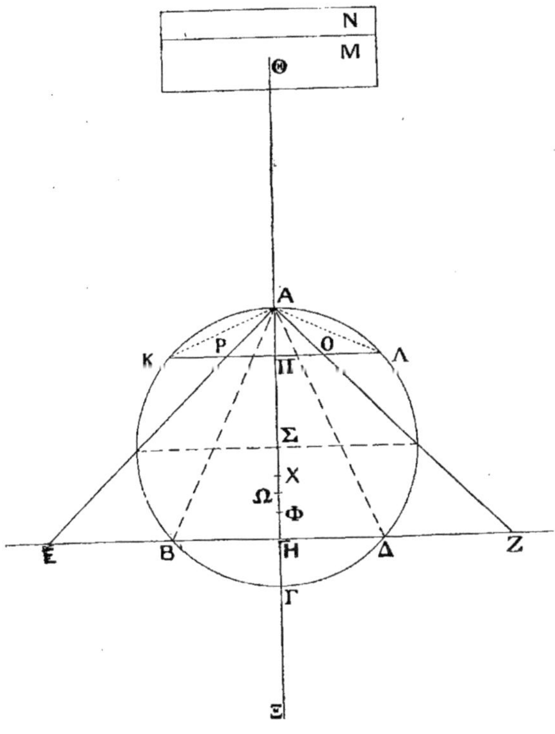

Fig. 10.

On a d'abord[1] :

$$(1) \qquad \frac{A\Gamma}{A\Pi} = \frac{\overline{AK}^2}{\overline{A\Pi}^2}$$

---

[1] Car, dans le triangle rectangle AKΓ, on a $\overline{AK}^2 = A\Pi . A\Gamma$. Divisant les deux membres par $\overline{A\Pi}^2$, il vient bien (1).

Mais $\overline{AK}^2 = \overline{A\Pi}^2 + \overline{\Pi K}^2$, $\overline{A\Pi}^2 = \overline{\Pi O}^2$ — puisque
$\overline{AH}^2 = \overline{EH}^2$ — ; donc :

$$(2) \quad \frac{\Gamma A}{A\Pi} = \frac{\overline{K\Pi}^2 + \overline{\Pi O}^2}{\overline{\Pi O}^2} = \frac{\text{cercle } K\Lambda + \text{cercle } PO}{\text{cercle } PO},$$

et, comme $A\Gamma = A\Theta$:

$$(3) \quad \frac{A\Theta}{A\Pi} = \frac{\text{cercle } K\Lambda + \text{cercle } PO}{\text{cercle } PO}.$$

Si donc on suppose le cercle PO déterminé dans le cône par le plan parallèle à la base du segment, transporté en Θ comme centre de gravité, puisque $K\Lambda$, PO ont pour centre de gravité Π, le cercle transporté fera équilibre par rapport au point Λ à la somme des deux cercles $K\Lambda$, PO — déterminés dans le segment et dans le cône — laissés en place.

Il en sera de même pour tous les cercles de même genre déterminés par les plans parallèles à la base du segment : toujours le cercle déterminé dans le cône AEZ, transporté en Θ, équilibrera par rapport à A ce même cercle et le cercle déterminé dans le segment sphérique, laissés en place. Au total donc, le segment et le cône, laissés en place, équilibreront par rapport à A le cône transporté en Θ comme centre de gravité.

Considérons maintenant un cylindre MN équivalant au cône AEZ et prenons sur AH le point Φ tel que AH $= 4\,\Phi$H : Φ sera, comme on l'a vu (lemme VIII), le centre de gravité du cône AEZ. Coupons le cylindre par un plan perpendiculaire à ses génératrices, qui le divise en deux cylindres tels que l'un d'eux M fasse équilibre au cône AEZ. Puisque le cylindre total équivaut au cône AEZ, qui, en Θ, équilibre le cône et le segment en place, si le cylindre partiel M équilibre le cône AEZ, le reste, c'est-à-dire le cylindre partiel N, équilibrera le segment. On a vu (Théorème VII) que :

$$(4) \qquad \frac{\text{segm. } \mathrm{BA\Delta}}{\text{cône } \mathrm{BA\Delta}} = \frac{\Xi\mathrm{H}}{\mathrm{H\Gamma}},$$

D'autre part :

$$(5) \qquad \frac{\text{cône } \mathrm{BA\Delta}}{\text{cône } \mathrm{AEZ}} = \frac{\text{cercle } \mathrm{BA}}{\text{cercle } \mathrm{EZ}} = \frac{\overline{\mathrm{BH}}^2}{\overline{\mathrm{HE}}^2} = \frac{\mathrm{\Gamma H.HA}}{\overline{\mathrm{HA}}^2} = \frac{\mathrm{\Gamma H}}{\mathrm{HA}}$$

(Comparant (4) et (5) il vient :)

$$(6) \qquad \frac{\text{segm. } \mathrm{BA\Delta}}{\text{cône } \mathrm{AEZ}} = \frac{\Xi\mathrm{H}}{\mathrm{HA}}.$$

Nous avons par construction :

$$\frac{\mathrm{AX}}{\mathrm{XH}} = \frac{\mathrm{HA} + 4\,\mathrm{H\Gamma}}{\mathrm{HA} + 2\,\mathrm{H\Gamma}}, \text{ ou inversement } \frac{\mathrm{XH}}{\mathrm{AX}} = \frac{2\,\mathrm{H\Gamma} + \mathrm{HA}}{4\,\mathrm{H\Gamma} + \mathrm{HA}}.$$

Si l'on combine ces deux expressions (en additionnant aux numérateurs de la seconde ceux de la première), il vient :

$$\frac{\mathrm{AX} + \mathrm{XH}}{\mathrm{AX}} = \frac{(\mathrm{HA} + 4\,\mathrm{H\Gamma}) + (2\,\mathrm{H\Gamma} + \mathrm{HA})}{\mathrm{HA} + 4\,\mathrm{H\Gamma}},$$

c'est-à-dire :

$$(7) \qquad \frac{\mathrm{AH}}{\mathrm{AX}} = \frac{6\,\mathrm{H\Gamma} + 2\,\mathrm{HA}}{\mathrm{HA} + 4\,\mathrm{H\Gamma}}.$$

Mais on a évidemment :

$$6\,\mathrm{H\Gamma} + 2\,\mathrm{HA} = 4\,\mathrm{H\Xi};$$
$$4\,\mathrm{H\Gamma} + \mathrm{HA} = 4\,\mathrm{\Gamma\Phi}. \quad (^1)$$

---

[1] En effet, si l'on emploie les notations abrégées R (rayon

Par conséquent :

$$(8) \qquad \frac{AH}{AX} = \frac{H\Xi}{\Gamma\Phi}, \text{ ou encore } \frac{H\Xi}{HA} = \frac{\Gamma\Phi}{AX}.$$

En portant cette valeur de $\dfrac{H\Xi}{AH}$ dans l'équation (6), on a :

$$(9) \qquad \frac{\text{segm. } BA\Delta}{\text{cône } AEZ} = \frac{\Gamma\Phi}{XA}.$$

Le cylindre M équilibre par rapport à A le cône EAZ. Ce cylindre a pour centre de gravité Θ, le cône a pour centre Φ. On doit donc avoir :

$$(10) \qquad \frac{\text{cône } EAZ}{\text{cyl. } M} = \frac{\Theta A}{\Phi A} = \frac{\Gamma A}{A\Phi}, \quad \text{ou} \quad \frac{\text{cyl. } M}{\text{cyl. } MN} = \frac{A\Phi}{\Gamma A},$$

(d'où en soustrayant les numérateurs des dénominateurs) :

$$(11) \qquad \frac{\text{cyl. } M}{\text{cyl. } N} = \frac{A\Phi}{\Gamma\Phi}$$

(ou en ajoutant les dénominateurs aux numérateurs) :

$$\frac{\text{cyl. } MN}{\text{cyl. } N} = \frac{A\Gamma}{\Gamma\Phi},$$

ou encore, puisque le cylindre MN équivaut au cône EAZ :

$$(12) \qquad \frac{\text{cône } EAZ}{\text{cyl. } N} = \frac{\Gamma A}{\Gamma\Phi} = \frac{\Theta A}{\Gamma\Phi}.$$

---

de la sphère) et h (hauteur du segment), on a d'abord :
$$6\,H\Gamma + 2\,AH = 6(2R - h) + 2\,h = 12\,R - 4\,h;$$
or, $H\Xi = H\Gamma + \Gamma\Xi = (2R - h) + R = 3R - h$, c'est-à-dire le quart de l'expression ci-dessus.

De même : $4\,H\Gamma + HA = 4(2R - h) + 4\,h = 8R - 3\,h;$

or, $\Gamma\Phi = \Gamma H + \Phi H = 2R - h + \dfrac{h}{4} = 2R - \dfrac{3h}{4}$, c'est-à-dire encore le quart de l'expression ci-dessus.

Combinant (12) et (9), il vient :

$$(13) \qquad \frac{\text{segm. } BA\Delta}{\text{cyl. } N} = \frac{\Gamma\Phi . A\Theta}{XA . \Gamma\Phi} = \frac{A\Theta}{XA}.$$

Mais on a vu que le segment équilibre par rapport à A le cylindre N : le cylindre ayant pour centre de gravité Θ, cette égalité ne peut être vraie que si X est le centre de gravité du segment. C. q. f. d. [1].

---

[1] La démonstration d'Archimède est assez pénible et offre, de plus, l'inconvénient de supposer la relation $\frac{XA}{XH} = \frac{HA + 4H\Gamma}{HA + 2H\Gamma}$ découverte on ne sait comment et d'en fournir simplement la vérification. Il semble qu'Archimède aurait pu établir directement cette relation de la manière suivante (j'emploie, pour abréger, les notations $A\Delta = R$, $AH = h$, $H\Gamma = h'$ et je note tout de suite que, puisque $h' = 2R - h$, on a $R = \frac{h + h'}{2}$.)

On a vu, dans la première partie de la démonstration, que : (segm. $AB\Delta$ + cône AEZ) restant en place équilibrent (par rapport à A) cône AEZ au c.g. Θ. Appelons Ω le c.g. du système (segm. $AB\Delta$ + cône AEZ). Cette relation d'équilibre implique l'égalité :

$$(1) \qquad \frac{\Omega A}{\Theta A} = \frac{\text{cône AEZ}}{\text{cône AEZ} + \text{segm. } AB\Delta}.$$

Calculons segm. $AB\Delta$ en fonction du cône AEZ. On a vu (Th. VII) que :

$$(2) \qquad \frac{\text{segm. } AB\Delta}{\text{cône } AB\Delta} = \frac{R + h'}{h'}.$$

Mais

$$(3) \qquad \frac{\text{cône } AB\Delta}{\text{cône AEZ}} = \frac{H\Delta^2}{HZ^2} = \frac{hh'}{h^2} = \frac{h'}{h},$$

d'où :

$$(4) \qquad \frac{\text{segm. } AB\Delta}{\text{cône AEZ}} = \frac{R + h'}{h}$$

Remplaçant segm. $AB\Delta$ par cette valeur dans (1), il vient :

(Théorème IX).

*Tout segment sphérique a son centre de gravité
sur son axe en un point tel que sa distance au
sommet soit à sa distance à la base, comme la hauteur du segment plus quatre fois la hauteur du*

$$(5) \quad \frac{\Omega A}{2\,R} = \frac{\text{cône}}{\text{cône}\left(1 + \dfrac{R + h'}{h}\right)} = \frac{h}{h + R + h'} = \frac{h}{3\,R} \; ;$$

d'où :

$$(6) \qquad \Omega A = \frac{2\,h}{3}.$$

Ainsi le c.g. Ω du système (segm. $AB\Delta$ + cône AEZ) est
situé aux 2/3 de AH à partir de A. Le cône seul (lemme VIII)
a son c.g. en Φ aux 3/4 de AH à partir de A. Si donc on
appelle X le c.g. cherché du segment seul, on a (d'après
lemme 1) :

$$(7) \qquad \frac{X\Omega}{\Omega\Phi} = \frac{\text{cône } AEZ}{\text{segm. } AB\Delta} = \frac{h}{R + h'} = \frac{2\,h}{h + 3\,h'}.$$

Comme $\Omega\Phi = A\Phi - A\Omega = \dfrac{3}{4}h - \dfrac{2}{3}h = \dfrac{h}{12}$, il vient donc :

$$(8) \qquad X\,\Omega = \frac{h^2}{12\,(R + h')};$$

$$AX = A\Omega - X\Omega = \frac{2\,h}{3} - \frac{h^2}{12\,(R + h')} = \frac{h}{3}\left[2 - \frac{h}{4\,(R + h')}\right];$$

$$XH = \Omega H + X\Omega = \frac{h}{3} + \frac{h^2}{12\,(R + h')} = \frac{h}{3}\left[1 + \frac{h}{4\,(R + h')}\right],$$

et par conséquent :

$$\frac{AX}{XH} = \frac{8\,R + 8\,h' - h}{4\,R + 4\,h' + h} = \frac{12\,h' + 3\,h}{6\,h' + 3\,h} = \frac{4\,h' + h}{2\,h' + h},$$

ce qui est l'expression cherchée.

*segment supplémentaire est à la hauteur du seg-
ment plus deux fois la hauteur du segment supplémentaire.*

Ce théorème se démontre de la même manière
que le précédent [1].

(THÉORÈME X) [2].

[*Tout segment d'hyperboloïde de révolu-*

---

[1] Dont il n'est que la généralisation. Dans les traités de
Mécanique modernes, la position du centre de gravité du
segment sphérique est ordinairement déterminée par sa distance au centre de la sphère, à l'aide de l'intégration. On
trouve l'expression $D = \dfrac{3}{4} \dfrac{(2R - h)^2}{(3R - h)}$. Il est facile de voir l'équi
valence des deux expressions. Le théorème d'Archimède
peut s'écrire :

$$\frac{AX}{h - AX} = \frac{h + 4(2R - h)}{h + 2(2R - h)} = \frac{8R - 3h}{4R - h},$$

d'où, en additionnant chaque dénominateur au numérateur :

$$\frac{h}{h - AX} = \frac{12R - 4h}{4R - h}; h(4R - h) = (12R - 4h)h - AX(12R - 4h)$$

et

$$AX = \frac{h(12R - 4h) - h(4R - h)}{12R - 4h} = \frac{h(8R - 3h)}{12R - 4h};$$

donc la distance $X\Sigma$ (c'est-à-dire D) $= R - \dfrac{h(8R - 3h)}{12R - 4h}$

$$= \frac{12R^2 - 4hR - 8hR + 3h^2}{12R - 4h} = \frac{12R^2 - 12hR + 3h^2}{12R - 4h}$$

$$= \frac{3(4R^2 - 4hR + h^2)}{4(3R - h)} = \frac{3(2R - h)^2}{4(3R - h)}. \text{ C. q. f. d.}$$

[2] Énoncé restitué d'après *Conoïdes et Sphéroïdes*, prop. 25
(1, 416, Heiberg) : le sens général résulte des mots τῆς προ-
χειμένης πρὸς τὸν ἄξονα, où l'on reconnaît la ligne appelée

*tion[1], déterminé par un plan perpendiculaire à l'axe,
est au cône de même base et de même hauteur comme
une ligne égale à l'axe du segment plus trois fois
la distance du sommet au sommet du cône circonscrit[2] est à une ligne égale à l'axe du segment plus
deux fois cette distance* (fig. 11) :

$$\frac{\text{segm. } \Gamma\text{BA}}{\text{cône } \Gamma\text{BA}} = \frac{\text{BE} + 3\,\text{BT}}{\text{BE} + 2\,\text{BT}}\cdot \Big]$$

On démontrera de même beaucoup d'autres pro-

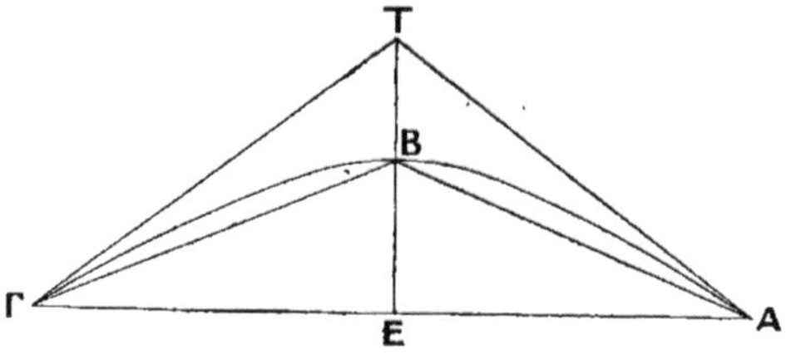

Fig. 11.

positions[3], que je laisse de côté, maintenant que la
méthode est bien mise en lumière par les exemples
précédents, pour aborder la démonstration des
deux théorèmes énoncés au début de ce Traité.

---

dans ce traité ἁ ποτεοῦσα τῷ ἄξονι (I, 278). Les restes étant
trop longs pour un simple énoncé, Heiberg croit qu'il était
ensuite question du centre de gravité d'un segment d'hyperboloïde.

[1] Archimède aurait dit : « de conoïde obtusangle ».

[2] C'est ce qu'Archimède appelle : la droite ajoutée à l'axe.

[3] Par exemple, celles qui concernent le volume et le
centre de gravité d'un segment d'ellipsoïde, etc. Plusieurs
de ces propositions sont démontrées dans le Traité *des
Conoïdes*.

(Théorème XI-XIV).

Si, dans un prisme droit à bases carrées, on inscrit un cylindre ayant ses bases inscrites dans les carrés opposés et sa surface latérale tangente aux plans des 4 faces latérales du prisme, un plan passant par le centre du cercle de base et l'un des côtés du carré opposé détachera du cylindre un volume[1] *qui sera le sixième du volume total.*

Nous allons d'abord établir cette proposition par la méthode susdite [XI, XII, XIII], puis procéder à la démonstration géométrique proprement dite [XIV]

(XI).

Soit donc un cylindre inscrit dans un prisme à bases carrées. Coupons le prisme par un plan passant par son axe et perpendiculaire au plan ΓαB (fig. 12) qui a détaché le sabot de cylindre. Ce plan coupera le prisme circonscrit (fig. 13) suivant le rectangle AB et le plan sécant suivant la droite BΓ. Soit ΓΔ l'axe commun du prisme et du cylindre, EZ une droite qui lui soit perpendiculaire en son milieu (Θ); par EZ menons un plan (horizontal) perpendiculaire à ΓΔ.

Sa section dans le prisme sera un carré MN

---

[1] Ce « sabot » ou « onglet » a pour faces : 1° une portion de la surface cylindrique; 2° un demi-cercle; 3° une demi-ellipse (intersection d'un cylindre par un plan oblique).

(fig. 14), et dans le cylindre un cercle ΞΟΠΡ, tangent

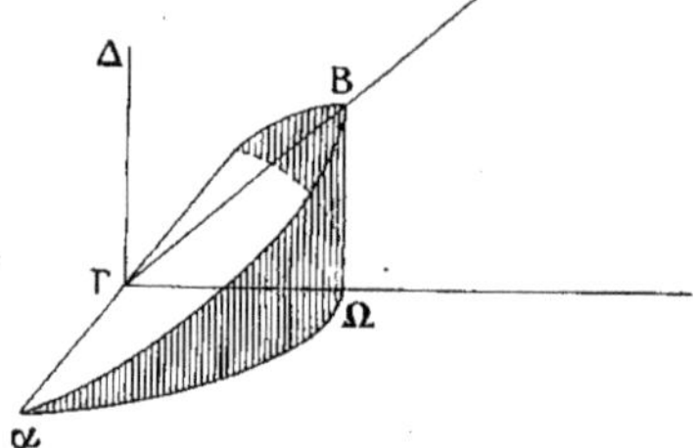

Fig. 12.

aux côtés du carré aux points Ξ, Ο, Π, Ρ. Le
plan sécant et le plan horizontal mené par ΕΖ se

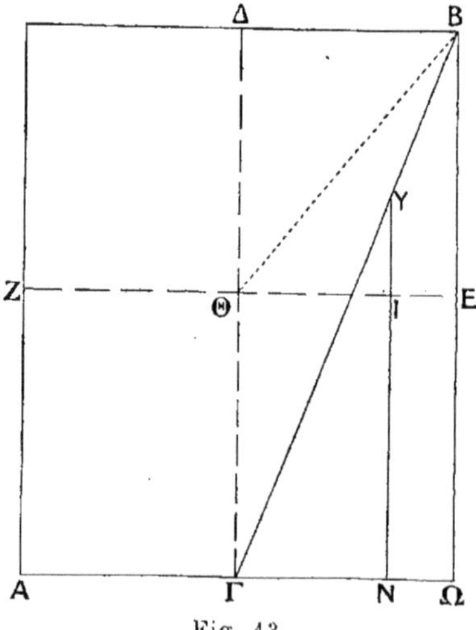

Fig. 13.

coupent suivant la droite ΚΛ, que le diamètre ΠΘΞ
coupe en son milieu. Dans le demi-cercle ΟΠΡ,

menons une droite quelconque ΣT perpendiculaire
à ce diamètre et à une distance ΠX de Π; par
cette droite, faisons passer un plan (vertical) perpendiculaire au diamètre ΠΞ et prolongeons le de
part et d'autre du plan (horizontal) ΞΟΠP. Ce plan
(vertical) déterminera : 1° dans le demi-cylindre

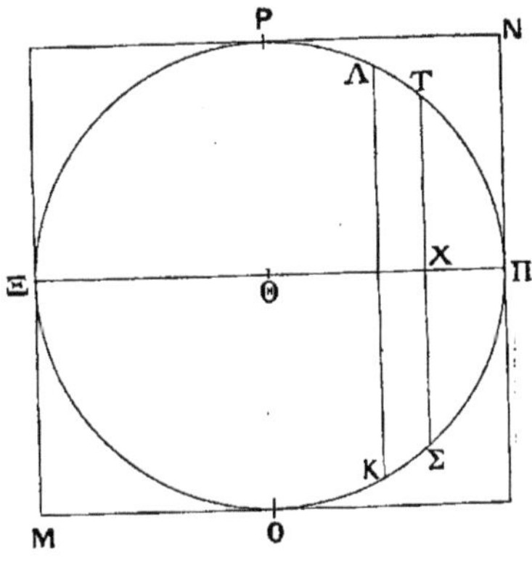

Fig. 14.

— qui a pour base le demi-cercle ΟΠP et pour
hauteur l'axe du prisme — une section en forme
de rectangle dont un côté (horizontal) = ΣT, et l'autre côté (vertical) = l'axe du cylindre; 2° dans le
sabot de cylindre, un autre rectangle dont un
côté (horizontal) = ΣT, l'autre (vertical) = NY, NY
étant une parallèle à BΩ, menée dans le rectangle AB¹ (fig. 13), à une distance IE (de BΩ) égale
à XΠ.

---

¹ Le texte dit ΔE.

Puisque EΓ est un rectangle et NI, ΘΓ des parallèles coupées par, EΘ, BΓ, on a :

$$\frac{E\Theta}{\Theta I} = \frac{\Omega\Gamma}{\Gamma N} = \frac{\Omega B}{YN}.$$

Or, le rectangle déterminé dans le demi-cylindre est au rectangle déterminé dans le sabot comme ΩB est à YN : car leurs deux autres côtés sont égaux à ΣT. On a donc :

$$\frac{\text{rect. du } 1/2 \text{ cyl.}}{\text{rect. du sabot}} = \frac{\Omega B}{YN} = \frac{E\Theta}{\Theta I} = \frac{\Theta\Xi}{\Theta X}.$$

Supposons donc le rectangle du sabot suspendu en Ξ, ce point étant son centre de gravité, et ΠΞ un levier dont le milieu fixe est Θ. Le rectangle du demi-cylindre ayant (lemme V) pour centre de gravité X, l'égalité susdite signifie que les distances des deux centres au point fixe sont inversement proportionnelles aux aires des rectangles, et par conséquent que les deux rectangles s'équilibrent par rapport à Θ. On démontrerait de même, pour toute autre position de la perpendiculaire à ΠΘ menée dans le demi-cercle ΟΠΡ et par laquelle on mène un plan perpendiculaire à ΠΘ, prolongé dans les deux sens, que le rectangle déterminé dans le demi-cylindre, restant en place, équilibrera par rapport à Θ le rectangle déterminé dans le sabot, transporté au centre de gravité Ξ. Au total, la somme des rectangles du demi-cylindre — c'est-à-dire *le demi-cylindre restant en place* — *équilibrera par rapport à* Θ la somme des rectangles de sabot, c'est-à-dire *le sabot lui-même, transporté en* Ξ.

(XII).

Considérons maintenant séparément (fig. 15) le
carré MHNΨ perpendiculaire à l'axe, [le cercle
ΞΟΠP, les diamètres rectangulaires PO, ΞΠ. Tirons]
ΘM, ΘH et, par ces droites, menons des plans (verticaux) perpendiculaires au plan du demi-cercle

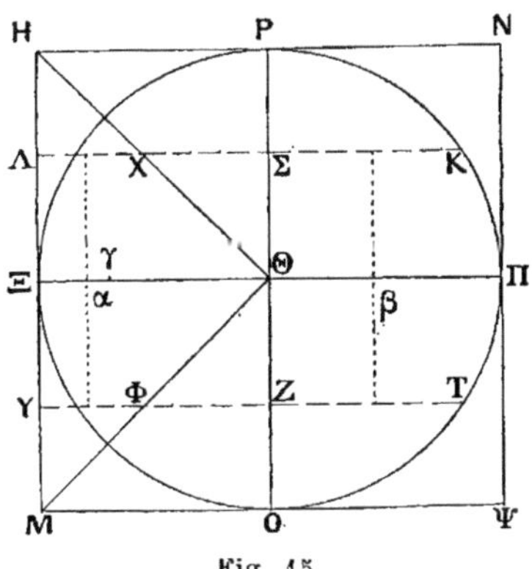

Fig. 15.

ΟΠP et prolongeons-les au-dessus et au-dessous de
ce plan. Nous formerons ainsi un prisme triangulaire ayant pour base un triangle égal à ΘMΠ, et
une hauteur égale à l'axe du cylindre : ce prisme
est (évidemment) le quart du prisme total circonscrit au cylindre.

Dans le carré MN, tirons deux droites KΛ, TY,
équidistantes de ΠΞ (et parallèles à ce diamètre) :
elles coupent la demi-circonférence ΟΠP aux points
K, T, le diamètre OP en Σ,Z, les obliques ΘΠ, ΘM

en X, **Φ**. Par ces droites, menons des plans perpendiculaires à OP et prolongeons-les au-dessus et au-dessous du plan OΞΠP. Chacun de ces plans produira : 1° dans le demi-cylindre qui a une base égale à OΠP et une hauteur égale à l'axe une section en forme de rectangle, dont un côté égale KΣ (ou TZ) et l'autre égale l'axe; 2° dans le prisme triangulaire ΘHM une autre section rectangulaire, dont un côté égale ΛX (ou YΦ) et l'autre égale l'axe.

[Considérons la paire de rectangles égaux ΛX, YΦ du prisme, d'une part, et les rectangles correspondants ΣK, ZT du demi-cylindre, d'autre part. Tous ces rectangles ayant même hauteur, leurs aires — égales deux à deux — sont proportionnelles à leurs seconds côtés. On a donc :

$$\frac{\text{rect. } \Sigma K + \text{rect. } ZT}{\text{rect. } \Lambda X + \text{rect. } Y\Phi} = \frac{2\,\text{rect. } \Sigma K}{2\,\text{rect. } \Lambda X} = \frac{\Sigma K}{\Lambda X}.$$

Les rectangles ΣK, ZT ont respectivement leurs centres de gravité au point de rencontre de leurs diagonales (lemme V) et par conséquent aux milieux des droites ΣK, ZT. Le centre de gravité de leur système sera donc situé sur la droite qui joint ces milieux (lemme 11) et, par raison de symétrie, au milieu de cette droite, c'est-à-dire à sa rencontre β avec ΞΠ.

Semblablement le centre de gravité du système des rectangles ΛX, YΦ sera situé à la rencontre α de ΞΠ avec la droite qui joint les milieux de ΛX, YΦ.

Le triangle rectangle HΛX semblable à HΞΘ étant

isocèle, on a $\Lambda X = H\Lambda = \Sigma P$. On a donc successive ment :

$$\frac{\text{rect. } \Sigma K + \text{rect. } ZT}{\text{rect. } \Lambda X + \text{rect. } Y\Phi} = \frac{\Sigma K}{\Sigma P} = \frac{\overline{\Sigma K}^2}{\Sigma P . \Sigma K} = \frac{\Sigma P . \Sigma O}{\Sigma P . \Sigma K} = \frac{\Sigma O}{\Sigma K}$$

$$= \frac{\Sigma P + 2\Sigma\Theta}{\Sigma K} = \frac{\Lambda X + 2 X\Sigma}{\Sigma K} = \frac{\frac{1}{2}\Lambda X + X\Sigma}{\frac{1}{2}\Sigma K}.$$

Or $1/2\, \Sigma K = \beta\Theta$; $1/2\, \Lambda X + X\Sigma = \alpha\Theta$. Si donc on considère $\Xi\Pi$ comme un levier dont Θ est le milieu fixe, les systèmes $(\Sigma K + ZT)$, $(\Lambda X + Y\Phi)$ se font équilibre par rapport à Θ. Il en est de même pour toutes les autres positions des parallèles conjuguées ΛK, YT. Donc, au total, la somme des rectangles interceptés dans le prisme ΠOM — c'est-à-dire le prisme $H\Theta M$ — équilibrera par rapport à Θ la somme des rectangles du demi-cylindre — c'est-à-dire le demi-cylindre $O\Pi P$.

On a vu plus haut que le demi-cylindre équilibre, par rapport au même point fixe, le sabot *transporté en* Ξ : il en résulte, par symétrie, que le sabot transporté en Π équilibrera le prisme $H\Theta M$ restant en place. Le prisme peut être considéré comme la somme des triangles égaux à $H\Theta M$ empilés sur une hauteur $B\Omega$. Chacun de ces triangles a son centre de gravité au point de rencontre de ses médianes (lemme IV), c'est-à dire aux deux tiers de la médiane partant du sommet situé sur l'axe. Tous ces centres de gravité sont d'ailleurs évidemment en ligne droite ; dès lors, le centre de gravité du prisme lui-même est sur cette droite (lemme II) et, par raison de symétrie, au milieu de cette droite, c'est-à-dire aux $2/3$, en γ, de la médiane du triangle.

ΠΘΜ intercepté par le plan[1] équidistant des bases. L'équilibre du sabot et du prisme triangulaire par rapport à Θ exige donc qu'on ait :

$$\frac{\text{sabot}}{\text{prisme } \Pi\Theta\text{M}} = \frac{\gamma\Theta}{\Pi\Theta} = \frac{2}{3},$$

et comme le prisme ΗΘΜ est le quart du prisme total, il vient bien :

$$\frac{\text{sabot}}{\text{prisme } \text{AB}} = \frac{2}{12} = \frac{1}{6}. \text{ C. q. f. d.}\Big]$$

(XIII

Deuxième démonstration.)

Soit un prisme droit à bases carrées, ΑΒΓΔ une de ses bases (fig. 16), un cylindre inscrit dans ce prisme, ayant pour base le cercle Κ tangent en Ε, Ζ, Η, Θ aux 4 côtés du carré ΑΒΓΔ. Par le centre Κ de ce cercle et le côté (Γ'Δ') de la base opposée du prisme qui correspond à ΓΔ, je mène un plan. Il détache du prisme total un prisme partiel qui en est le quart et qui est compris entre trois rectangles (ΗΕΔ'Γ', ΗΕΔΓ, ΓΔΓ'Δ') et deux triangles (rectangles) opposés (ΕΔΔ', ΗΓΓ'). Dans le demi-cercle ΕΖΗ, inscrivons un segment de parabole,

---

[1] J'ai été obligé d'introduire cette démonstration sommaire de la position du centre de gravité d'un prisme, ce théorème ne figurant pas dans les ouvrages conservés d'Archimède. Il est possible qu'il fût exposé dans un ouvrage perdu auquel l'auteur se contentait de renvoyer ici. Il est possible aussi qu'au lieu du centre de gravité du prisme, Archimède ait déterminé celui du demi-cylindre.

ayant pour base HE et pour axe KZ (fig. 17). Dans le rectangle ΔH, menons une parallèle quelconque MN

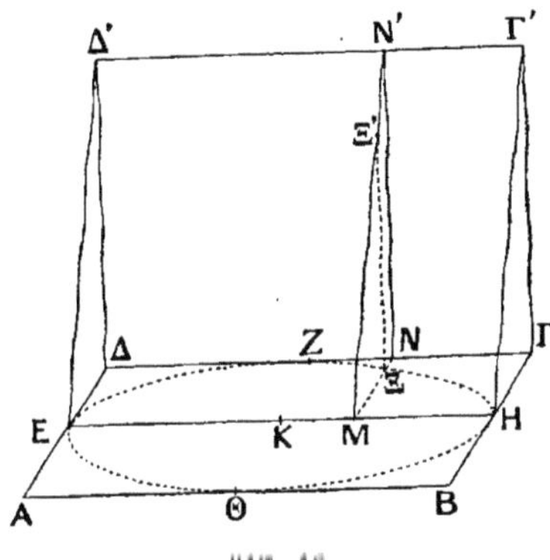

Fig. 16.

à KZ : elle coupera la circonférence du demi-cercle en Ξ, la parabole en Λ. On a évidemment :

(1)
$$MN \cdot \Lambda N = \overline{NZ}^2,$$

et par conséquent :

(2)
$$\frac{MN}{\Lambda N} = \frac{\overline{HK}^2}{\overline{\Lambda\Sigma}^2} \, (^1) \left(= \frac{\overline{HK}^2}{\overline{MK}^2} \right).$$

Par MN menons un plan (vertical) perpendicu-

---

[1] La première proposition est démontrée dans Apollonius, *Coniques*, I, 11, et l'était probablement dans les ouvrages élémentaires sur les coniques connus d'Archimède. On en déduit aussitôt $\dfrac{HK^2}{MN \cdot \Lambda N} = \dfrac{HK^2}{NZ^2}$; en remplaçant HK par MN, NZ par $\Lambda\Sigma$, il vient $\dfrac{MN}{\Lambda N} = \dfrac{HK^2 \, (\text{ou } MN^2)}{\Lambda\Sigma^2}$. Notons d'ailleurs que l'égalité (2) résulte immédiatement de l'équation de la parabole (*Quad. parab.* 3) $\dfrac{HK^2}{\Lambda\Sigma^2} = \dfrac{ZK}{Z\Sigma} = \dfrac{MN}{\Lambda N}$.

laire à EH (fig. 16). Il interceptera : 1° dans le prisme partiel un triangle rectangle (MNN′), ayant pour côtés de l'angle droit MN et une perpendiculaire (NN′) à ΓΔ en N dans le plan ΓΔ (Δ′Γ′), et l'hypoténuse dans le plan sécant; 2° dans le sabot cylindrique, détaché par le plan sécant, pareillement un triangle rectangle (MΞΞ′) ayant pour côtés

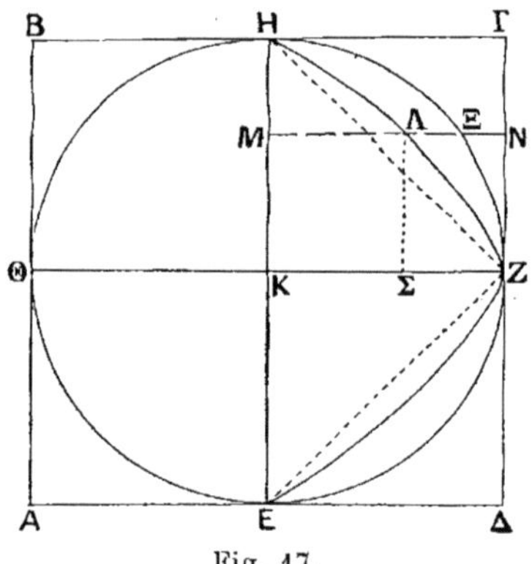

Fig. 17.

de l'angle droit MΞ et une perpendiculaire (ΞΞ′) au plan KN menée le long de la surface du cylindre, [et l'hypoténuse dans le plan sécant.

Les triangles MNN′, MΞΞ′ étant semblables, on a :

$$(3) \qquad \frac{\text{tr. MNN}'}{\text{tr. MΞΞ}'} = \frac{\overline{MN}^2}{\overline{MΞ}^2} = \frac{\overline{HK}^2}{\overline{MΞ}^2}.$$

Mais $\overline{MΞ}^2 = MH \cdot ME = (HK - MK)(HK + MK) = \overline{HK}^2 - \overline{MK}^2$. Donc :

$$\frac{\text{tr. MNN}'}{\text{tr. MΞΞ}'} = \frac{\overline{HK}^2}{\overline{HK}^2 - \overline{MK}^2}.$$

Or l'égalité (2) donne :

$$\frac{MN}{MN - NA} = \frac{HK^2}{HK^2 - MK^2},$$

donc :

$$(4) \qquad \frac{\text{tr. } MNN'}{\text{tr. } M\Xi\Xi'} = \frac{MN}{MN - AN} = \frac{MN}{MA} \quad (1),$$

c'est-à-dire : le triangle intercepté dans le prisme partiel est au triangle intercepté dans le sabot comme la parallèle MN menée dans le rectangle HΓΔE est à la partie de cette parallèle comprise entre EH et la parabole. Cette relation étant vraie pour n'importe quelle position de la parallèle, au total] la somme des triangles du prisme partiel est à la somme des triangles du sabot comme la somme des parallèles MN est à la somme de leurs sections comprises entre HE et la courbe. La première somme n'est autre que le prisme partiel, [la seconde le sabot], la troisième le rectangle HΓΔE, la quatrième le segment parabolique HZE, donc :

$$(5) \qquad \frac{\text{prisme partiel}}{\text{sabot}} = \frac{\text{rect. } H\Gamma\Delta E}{\text{segm. } EZH}.$$

[Le rectangle HΓΔE vaut deux fois le triangle HZE; le segment parabolique HZE vaut les 4/3 de ce triangle] car ceci a été montré précédemment[2];

---

[1] On obtiendrait plus vite cette relation en partant de l'équation de la parabole $y^2 = Rx$, d'où :

$$\frac{R^2}{y^2} = \frac{R}{x} \quad \text{et} \quad \frac{R^2}{R^2 - y^2} = \frac{R}{R - x}.$$

Dès lors on a $\dfrac{\text{tr. } MNN'}{\text{tr. } M\Xi\Xi'} = \dfrac{\overline{MN}^2}{\overline{M\Xi}^2} = \dfrac{R^2}{R^2 - y^2} = \dfrac{R}{R - x} = \dfrac{MN}{MA}.$

[2] Théorème I. On peut aussi traduire (en lisant ἐν τοῖς πρότερον ἐκδεδομένοις) « dans un ouvrage précédent », à savoir dans *Quadr. parab.*, 11, p. 251 et suiv.

donc :

$$\frac{\text{prisme partiel}}{\text{sabot}} = \frac{2}{4/3} = \frac{3}{2}.$$

Si donc le sabot vaut 2, le prisme partiel vaut 3, et le prisme total qui en est le quadruple vaut 12 : donc le sabot est bien le 6ᵉ du prisme. C. q. f. d.

(XIV

Justification rigoureuse de la démonstration précédente).

Soit un prisme droit à bases carrées, ABΓΔ une de ses bases [1]..... [un cylindre EZHΘ inscrit dans le prisme. Un plan mené par le centre K du cercle de base EZH et un des côtés (Γ'Δ') de la base opposée du prisme coupe le cercle de base suivant le diamètre EH (parallèle à Δ'Γ')...] Il détache du prisme total un prisme partiel (HΓΓ'EΔΔ') et du cylindre total un sabot cylindrique : il s'agit de montrer que ce sabot vaut le sixième du prisme total.

1° Je vais montrer d'abord qu'on peut inscrire dans le sabot cylindrique et lui circonscrire deux solides composés chacun d'une série de prismes qui ont même hauteur et pour bases des triangles semblables, solides tels qu'on peut ramener leur différence à être plus petite que toute grandeur donnée.

---

[1] Les mots qui suivent (s'ils sont bien déchiffrés) signifieraient : « Comme le prisme est au prisme, ainsi le cercle EZH est... », ce qui n'offre point de sens. Il serait exact, mais sans intérêt, de dire que le prisme est au *carré* qui lui sert de base comme le cylindre est au cercle EZH.

[Divisons (fig. 18) le diamètre HE en un nombre quelconque de parties égales ; par chacun des points de division, menons des parallèles MN, M_1N_1... à KZ et par ces droites des plans perpendiculaires au plan de base K. Ces plans divisent le prisme partiel HΓΓ′EΔΔ′ en une série de prismes élémentaires ayant même hauteur $= MM_1$ et pour bases des triangles rectangles égaux $= MNN'$ (voir fig. 16). Ils déterminent aussi dans le sabot une série de sections en forme de triangles rectangles inégaux MΞΞ′, $M_1Ξ_1Ξ'_1$,... Considérons deux sections voisines et soit $M_1Ξ_1 > MΞ$. Projetons Ξ sur M_1N_1 en $ξ_1$ et $Ξ_1$ sur MN en $ξ$, et formons dans les plans verticaux les triangles $MξΞ' = M_1Ξ_1Ξ'_1$, $M_1ξ_1ξ'_1 = MΞΞ'$. Le prisme élémentaire déterminé par les deux triangles égaux $MΞΞ'M_1ξ_1ξ'_1$ est évidemment contenu tout entier dans la section du sabot qui a pour base le trapèze curviligne $MΞΞ_1M_1$. Au contraire le prisme élémentaire déterminé par les triangles égaux $MξΞ'M_1Ξ_1Ξ'_1$ contient tout entière cette même section. En opérant de même pour la section suivante, on formera de même un prisme élémentaire $M_1Ξ_1Ξ'_1M_2ξ_2ξ'_2$ inscrit dans le sabot et un prisme élémentaire $M_1ψψ'M_2Ξ_2Ξ'_2$ circonscrit et ainsi de suite. Si l'on compare les deux séries ainsi formées, on verra que chaque prisme élémentaire de la série circonscrite a pour équivalent un prisme de la série inscrite : ainsi le prisme circonscrit $MξM_1Ξ_1$ équivaut au prisme inscrit $M_1Ξ_1M_2ζ_2$ de la section suivante[1]. Seul le dernier prisme circonscrit M_8N_8ZK n'a pas d'équivalent dans la série

---

[1] Cf. *De Conoidibus*, 19 (1, 377 Heiberg).

inscrite. La différence des deux séries se réduit
donc à ce seul prisme deux fois répété (dans
chacun des deux quarts de cercle). Or, ce prisme
peut être rendu aussi petit que l'on veut en multipliant le nombre des divisions du diamètre HE et
des plans verticaux [1]; donc aussi la différence des

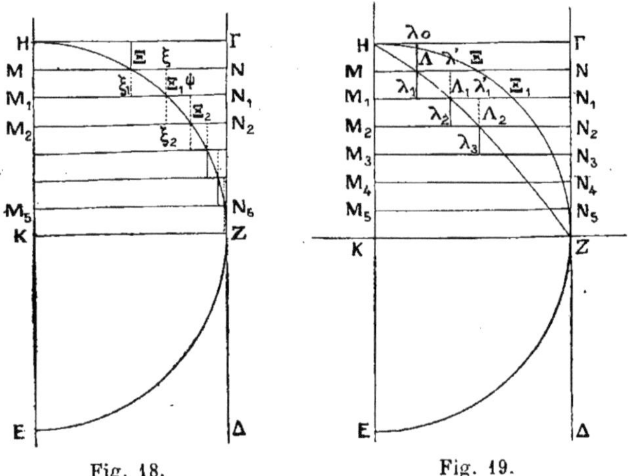

Fig. 18.   Fig. 19.

deux séries de prismes élémentaires, c'est-à-dire
des deux volumes considérés, peut être rendue plus
petite que toute grandeur donnée. A plus forte
raison peut-on rendre plus petite que toute grandeur donnée la différence de chacun de ces volumes
et du sabot qui est compris entre eux.

2° Je vais montrer de même (fig. 19) que si l'on
trace l'arc de parabole HZE inscrit dans le demi-

Cf. EUCLIDE, *Élem.*, **X**, 1.

cercle HZE, on peut inscrire et circonscrire au segment parabolique HZE deux séries de rectangles élémentaires (correspondant aux prismes élémentaires des volumes du sabot) dont la différence peut devenir plus petite que toute grandeur donnée.

Chacun des plans sécants verticaux de tout à l'heure détermine dans le segment parabolique une trace $M\Lambda, M_1\Lambda_1$, etc. Ces traces sont équidistantes et de grandeur croissante depuis H jusqu'à Z. Si donc nous projetons Λ en λ_1 sur M_1N_1, Λ_1 en λ_2 sur M_2N_2... et de même Λ_1 en λ' sur MN, Λ_2 en λ'_1 sur M_1N_1..., nous formons deux séries de rectangles : l'une enveloppante $H\lambda_0\Lambda M$, $M\lambda'\Lambda_1M_1$, ... l'autre enveloppée $M\Lambda\lambda_1M_1$, $M_1\Lambda_1\lambda_2M_2$..., et chaque rectangle de la série enveloppante équivaut au rectangle enveloppé de la section suivante ($H\lambda_0\Lambda M = M\Lambda\lambda_1M_1$). Seul, le dernier rectangle enveloppant M_3N_3ZK reste sans équivalent. La différence des deux séries se réduit donc à ce rectangle élémentaire (deux fois répété), et comme, si le nombre des divisions du diamètre est suffisamment grand, on peut rendre ce rectangle aussi petit qu'on veut, la différence des deux séries elle-même (et *a fortiori* la différence de chacune d'elles à l'aire du segment parabolique qu'elles comprennent entre elles) peut être rendue plus petite que toute grandeur donnée.

3° Le prisme partiel est au solide inscrit (ou circonscrit) au sabot cylindrique comme le rectangle $H\Gamma\Delta E$ est à la somme des rectangles élémentaires inscrits (ou circonscrits) au segment parabolique.

Considérons d'abord le solide circonscrit (fig. 19). A chacun des prismes élémentaires déterminés dans le prisme partiel par deux plans sécants con-

sécutifs correspond un prisme élémentaire du
solide circonscrit. Comparons deux de ces prismes
élémentaires correspondants HN, HΞ. Ayant même
hauteur, ils sont proportionnels à leurs bases, c'est-
à-dire aux triangles rectangles MNN′, MΞΞ′.

Or, on a vu (n° XIII) que :

$$\frac{\text{tr. MNN′}}{\text{tr. MΞΞ′}} = \frac{\text{MN}}{\text{MΛ}};$$

donc aussi :

$$(1)\quad \frac{\text{élément du prisme}}{\text{élément du solide circonscrit}} = \frac{\text{MN}}{\text{MΛ}} = \frac{\text{rect. HN}}{\text{rect. HΛ}};$$

et aussi :

$$(2)\quad \frac{\Sigma \text{ éléments du prisme (ou prisme partiel)}}{\Sigma \text{ éléments du sol. circ. (ou solide circonscrit)}}$$

$$= \frac{\Sigma \text{ rect. HN (ou rect. HΓΔE)}}{\Sigma \text{ rect. HΛ}}.$$

(cf. lemme IX).

Pour le solide inscrit, la démonstration serait la
même, puisque les triangles et les rectangles sont
les mêmes deux à deux dans les deux séries. Toutefois, il faut observer que, tandis qu'à chaque
élément du prisme partiel correspond un élément
prismatique du solide circonscrit, en ce qui concerne le solide inscrit le premier élément de chaque
demi-cercle (prisme HN) n'a pas de correspondant
dans le solide, et de même pour les rectangles. On
devra donc écrire en toute rigueur :

$$(3)\quad \frac{(\Sigma - 2)\ \text{él. prisme}}{\Sigma\ \text{él. solide inscrit}} = \frac{(\Sigma - 2)\ \text{rect. HN}}{\Sigma\ \text{rect. M}\lambda_4}$$

Mais comme :

$$\frac{\text{él. prisme}}{\text{él. solide inscrit}} = \frac{\text{rect. HN}}{\text{rect. M}\lambda_4},$$

6

on ne change pas l'exactitude de l'égalité (3) en ajoutant au numérateur du premier membre deux éléments prismatiques et à celui du second deux rectangles HN, et l'on retombe alors sur l'égalité (2).

Ces préliminaires posés, supposons d'abord que le sabot soit *plus grand* que 1/6 du prisme total, c'est-à-dire que le prisme partiel soit moindre que 3/2 du sabot. Si petite que soit la différence, il en résulterait que le prisme partiel est aussi moindre que 3/2 du solide inscrit dans le sabot, car la différence de ce solide au sabot peut être rendue plus petite que toute grandeur donnée. Or] le prisme partiel est à cé solide inscrit (3°) comme le rectangle $H\Gamma\Delta E$ est à la somme des rectangles élémentaires inscrits dans le segment parabolique. Si donc l'hypothèse était vraie, on aurait :

$$\frac{\text{rect. } H\Gamma\Delta E}{\Sigma \text{ rect. } M\Lambda\lambda_i M_i} < \frac{3}{2}.$$

Mais on a vu (Théorème 1) que le rectangle $H\Gamma\Delta E$ vaut *exactement* les 3/2 du segment de parabole, lequel enveloppe la somme des rectangles $M\Lambda\lambda_i M_i$: il est donc impossible que ce rectangle vaille moins que les 3/2 de cette somme ; [l'hypothèse est donc fausse et le sabot ne saurait être plus grand que 1/6 du prisme total.

Supposons maintenant que le sabot soit *plus petit* que 1/6 du prisme total, c'est-à-dire que le prisme partiel soit *plus grand* que 3/2 du sabot. Si petite que soit la différence, on montrerait de même qu'il en résulte que le prisme partiel est aussi plus grand que 3/2 du solide enveloppant le sabot.] Mais le prisme partiel est à ce solide enveloppant (3°) comme le rectangle HΓΔE est à la somme des rectangles élémentaires circonscrits au segment parabolique. On aurait donc :

$$\frac{\text{rect. H}\Gamma\Delta\text{E}}{\Sigma \ \text{rect. H}\lambda_0\text{AM}} > \frac{3}{2}.$$

Or (Théorème **1**), le rectangle vaut exactement les 3/2 du segment parabolique qui est plus petit que la somme des rectangles enveloppants; il ne saurait donc valoir plus que les 3/2 de cette somme : [donc l'hypothèse est fausse.

Puisque le sabot ne saurait être ni plus grand ni plus petit que le sixième du prisme total, il vaut donc exactement le sixième de ce prisme. C. q. f. d.].

XV [*]

[Si l'on inscrit dans un cube deux cylindres ayant chacun ses bases inscrites dans deux faces opposées du cube et sa surface latérale tangente aux quatre autres faces, le volume formé par l'intersection des deux cylindres équivaut aux deux tiers du cube.

---

[*] La démonstration de ce théorème (dont l'énoncé a été donné dans le préambule) a péri en entier. Je l'ai restituée d'après l'analogie des démonstrations précédentes et en m'inspirant des observations de Zeuthen, *op. cit.*, p. 356, suiv. Mais, comme il s'agissait ici d'un morceau entièrement perdu, j'ai cru pouvoir me réduire à l'essentiel, sans chercher à reproduire le détail des raisonnements et des calculs, toujours un peu longs, d'Archimède.

Première démonstration (mécanique).

Supposons (fig. 20) que nos deux cylindres aient des axes horizontaux. Menons un plan vertical perpendiculaire à l'un de ces axes (α) et passant par le centre K du cube, et que ce soit le plan de la

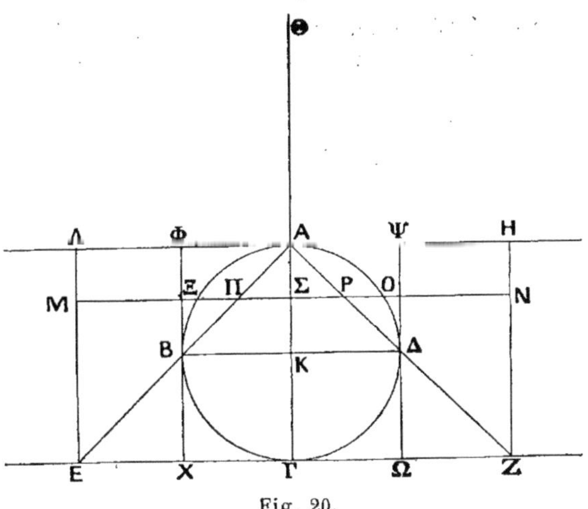

Fig. 20.

figure. Il coupera le cylindre (α) selon le cercle ABΓΔ, le cube et le cylindre (β) selon le carré ΦΨΩΧ. Prolongeons AB, AΔ jusqu'à leurs intersections E, Z avec XΩ et complétons le rectangle EZHΛ : ce sera une section verticale d'un prisme rectangulaire, qui a même hauteur que le cube et pour base un carré de côté double. Le triangle AEZ est la section verticale d'une pyramide à base carrée, ayant même base et même hauteur que ce prisme.

Prolongeons AΓ de AΘ = AΓ et considérons ΓΘ comme un levier ayant A pour milieu fixe. Menons un plan horizontal MN : il coupe les deux cylindres selon deux rectangles égaux qui ont eux-mêmes pour partie commune un carré de côté ΞO qui coupe le cercle ABΓΔ selon la corde ΞO. Ce même plan coupe le prisme selon un carré de côté MN, la pyramide selon un carré de côté ΠP.

On a (cf. le théorème II) :

$$\frac{A\Theta}{A\Sigma} = \frac{A\Gamma}{A\Sigma} = \frac{M\Sigma}{\Sigma\Pi} = \frac{\overline{M\Sigma}^2}{M\Sigma . \Sigma\Pi}.$$

Mais :

$$M\Sigma . \Sigma\Pi \left(= \Gamma A . A\Sigma = \overline{A\Xi}^2 = \overline{\Xi\Sigma}^2 + \overline{A\Sigma}^2 \right) = \overline{\Xi\Sigma}^2 + \overline{\Sigma\Pi}^2 ;$$

donc :

$$\frac{A\Theta}{A\Sigma} = \frac{\overline{M\Sigma}^2}{\overline{\Xi\Sigma}^2 + \overline{\Sigma\Pi}^2} = \frac{\overline{MN}^2}{\overline{\Xi O}^2 + \overline{\Pi P}^2} = \frac{\text{carré MN}}{\text{carré } \Xi O + \text{carré } \Pi P},$$

c'est-à-dire que le carré MN, restant en place, équilibre par rapport à A les carrés ΞO, ΠP transportés en Θ comme centre de gravité. Cette proposition reste vraie pour n'importe quelle position du plan MN et, par conséquent, pour les sommes des trois espèces de carrés interceptés par chacun de ces plans. Donc, en totalisant, le prisme (somme des carrés MN) restant en place équilibre la pyramide (somme des carrés ΠP) et le volume commun aux deux cylindres (somme des carrés ΞO) transportés en Θ comme centre de gravité commun. Le prisme ayant évidemment pour centre de gravité K, on doit donc avoir :

$$\frac{\text{prisme}}{\text{pyramide} + \text{volume commun}} = \frac{\Theta A}{KA} = 2.$$

La pyramide vaut $1/3$ du prisme, donc :

$$\text{prisme} = \frac{2\ \text{prismes}}{3} + 2\ \text{vol. comm.},$$

d'où :

$$\text{vol. comm.} = \frac{1}{6}\ \text{prisme};$$

et comme le prisme vaut quatre fois le cube :

$$\text{vol. comm.} = \frac{2}{3}\ \text{cube. C. q. f. d.}$$

Deuxième démonstration (géométrique).

Soit, comme précédemment, une section verticale.

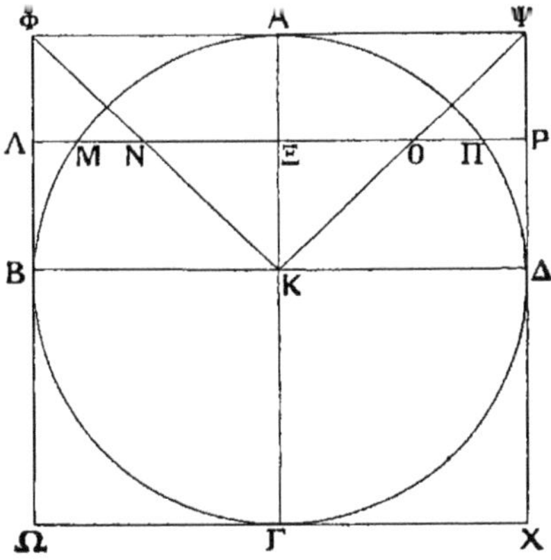

Fig. 21.

Menons (fig. 21) le triangle $\Phi K \Psi$: ce sera la section verticale d'une pyramide ayant son sommet en K et pour base un des carrés du cube. Un plan horizontal ΛP coupera le cube selon un carré de côté ΛP, la pyramide selon un carré de côté NO, le volume commun selon un carré de côté MΠ. On a :

$$\overline{\Xi K}^2 + \overline{\Xi \Pi}^2 = (\overline{K\Pi}^2 = \overline{K\Delta}^2 =) \overline{\Xi P}^2 ;$$

et, comme $\Xi K = \Xi N$, on a :

$$\overline{\Xi N}^2 + \overline{\Xi \Pi}^2 = \overline{\Xi P}^2.$$

C'est-à-dire :

$$\text{carré (NO)} + \text{carré (M}\Pi) = \text{carré (}\Lambda\text{P).}$$

Cette égalité étant vraie pour n'importe quelle position de la parallèle ΛP, on a, en sommant :

$$\Sigma \text{ carrés NO} + \Sigma \text{ carrés M}\Pi = \Sigma \text{ carrés }\Lambda\text{P,}$$

c'est-à-dire :

$$2 \text{ pyramides } \Phi K\Psi + \text{volume commun} = \text{cube } \Phi\Psi X\Omega\,[1].$$

Et comme la pyramide est le 6ᵉ du cube :

$$\text{volume comm.} = \text{cube} - \frac{2}{6} \text{cube} = \frac{2}{3} \text{cube. C. q. f. d.}$$

Remarque.

Considérons toujours les deux cylindres horizontaux (fig. 22 et 23). On a vu (1ʳᵉ démonstration)

---

[1] Le passage de l'égalité des surfaces des sections à l'égalité des volumes est évidemment sans rigueur, mais inspiré de raisonnements analogues d'Archimède. Il serait, d'ailleurs, facile de donner au raisonnement plus de précision en décomposant la pyramide et le solide en deux séries de prismes carrés inscrits et circonscrits, dont leurs volumes sont les limites respectives (cf. la troisième démonstration du théorème précédent).

qu'une série de plans horizontaux les coupent
selon deux rectangles qui ont pour partie commune
un carré. Ces carrés vont en croissant depuis le
point N (fig. 22) — auquel se réduit l'intersection des
génératrices dans le plan AΓ — jusqu'au carré εζηθ
correspondant à la section médiane, puis en dimi-
nuant de nouveau jusqu'au point N′, centre de la
base ΕΖΗΘ. Le solide commun[1] est formé par la

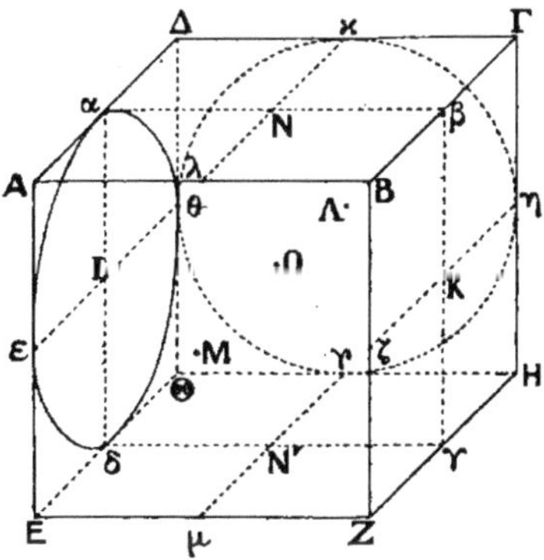

Fig. 22.

superposition de tous ces carrés. Les sommets de
tous ces carrés, c'est-à-dire les arêtes du solide
commun, sont (fig. 22) dans les plans ΒΔΘΖ et
AΓΗΕ. Ces deux plans décomposent le solide commun en quatre portions de cylindre. Si nous les
coupons par les deux plans verticaux médians du
cube, αβγδ, λϰμν, chacune de ces portions de cylindre
se décompose en deux sabots ou onglets, pareils à

---

[1] Il a la forme dite en architecture « voûte d'arêtes » ou
« voûte de cloître ».

ceux du théorème XI, égaux et adossés deux à deux par leur base : tel est, par exemple $\eta NN'\Lambda$ (fig. 23), (où l'on peut remarquer que $N\eta N'$ est une demi ellipse inclinée à 45° sur le plan NAN'.) Chacun de ces sabots, en vertu du théorème XI, est égal au 1/6 d'un parallélépipède ayant même base que le cube et demi-hauteur, c'est-à-dire moitié du cube. Chaque sabot vaut donc 1/12 du cube, et comme le

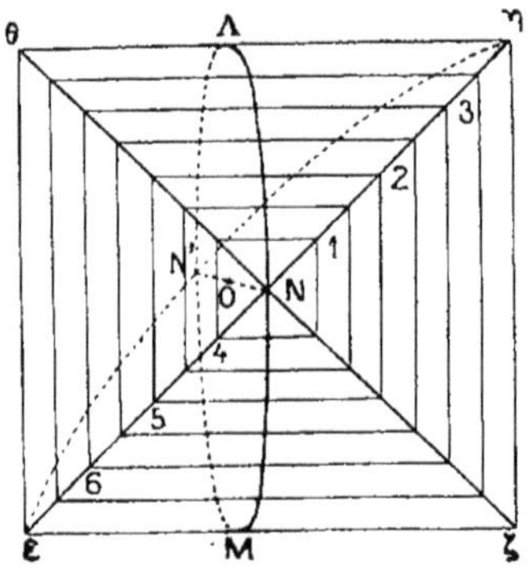

Fig. 23.

solide se décompose symétriquement en huit sabots pareils, le volume total représente les 8/12, c'est-à-dire les 2/3 du cube.]

NOTE ADDITIONNELLE

Les volumes calculés dans les théorèmes XI — XV ont été étudiés, indépendamment d'Archimède et même — prétendait-il — à l'encontre d'Archimède, par le comte Léopold Hugo, neveu du poète, dans une série de brochures (1867-1875) que résume l'ouvrage récent de E. Fourrey, *Curiosités géométriques* (Vuibert et Nony, 1907), p. 319 et suiv. Voici un aperçu de la méthode suivie. 1° *Volume du sabot* (Hugo dit : *onglet*) *cylindrique.* Considérons d'abord un cas spécial (fig. 24) : c'est l'onglet de rayon R, dont la hauteur CD serait égale à la circonférence $2\pi R$. Un plan perpendiculaire à AB détermine le triangle rectangle GEF, semblable à DOC. On a donc

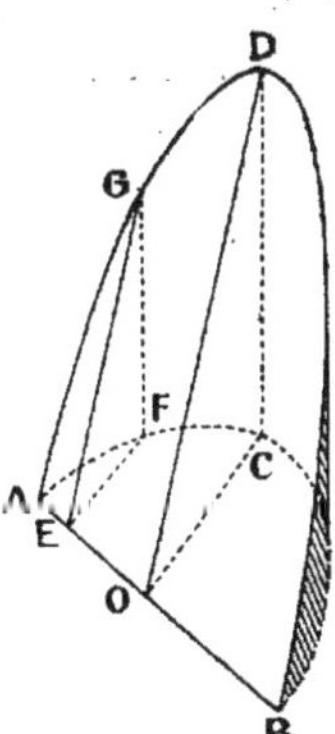

Fig. 24.

$\dfrac{GF}{EF} = \dfrac{DC}{OC} = 2\pi$, d'où $GF = 2\pi\,EF$. Par conséquent, l'aire du triangle GEF ($EF \times 1/2\,GF) = \pi\,\overline{EF}^2$, c'est-à-dire le cercle de rayon EF. Si l'on divise par une série de plans analogues l'onglet en volumes élémentaires, assimilables à des prismes de base EFG, E'F'G', OCD, etc., la relation ci-dessus permet de remplacer chacun de ces prismes par un cylindre ayant même hauteur que le prisme et pour rayons de base les segments EF, E'F', ..., OC, etc. La somme de ces cylindres élémentaires est une sphère de rayon R ; donc aussi le volume V de l'onglet $= 4/3\,\pi R^3$. — Soit maintenant un onglet quelconque v, de rayon R et de hauteur h. Comparons-le à l'onglet V de même base et de hauteur $2\pi R$. Les triangles de section ayant même base sont entre eux comme leurs hauteurs ; il en est de même des volumes élémentaires et, par suite, des onglets. Donc $v = V\,\dfrac{h}{2\pi R} = 2/3\,R^2h$ [il est facile de voir que cette expression équivaut bien à celle d'Archimède, puisque le prisme à base carrée du théorème XI-XIV a pour côté de base 2R et pour hauteur h, donc pour volume $4R^2h$, c'est-à-dire 6 fois l'onglet]. 2° *Volume du solide formé par la pénétration de 2 cylindres circulaires dont les bases sont inscrites dans les faces opposées d'un cube.* Ce solide est appelé par Hugo *équidomoïde a base* — ou plutôt *à section médiane* — *carrée*; il construit de même, en envisageant, au lieu d'un cube, un prisme triangulaire, pentagonal etc., des équidomoïdes réguliers à « base » triangulaire, pentagonale, etc. — R étant le rayon du cercle de base, $2h$ l'arête du cube, l'équidomoïde à base carrée, composé de 8 onglets ayant R pour rayon de base et h

pour hauteur, a pour volume $8 \times 2/3\, R^2 h$ ou, puisque $R = h$,
$\dfrac{16}{3} h^3$. Le cube ayant pour volume $(2h)^3 = 8 h^3$, l'équidomoïde
vaut bien les deux tiers du cube. On démontre facilement
que, si B est *la base* [section médiane], H la hauteur de tout
équidomoïde régulier, son volume a pour expression 2/3
BH.

Théodore Reinach.

Paris. — L. MARETHEUX, imp., 1, rue Cassette. — 17148.

170

9 782019 952242